Berichte aus dem
Institut für Umformtechnik
der Universität Stuttgart
Herausgeber: Prof. Dr.-Ing. K. Lange

92

Christian Weist

Der Kerbzugversuch als Einfachprüfverfahren für das richtungsabhängige Umformvermögen von Blechwerkstoffen

Mit 48 Abbildungen und 5 Tabellen

Springer-Verlag Berlin Heidelberg GmbH 1987

Dipl.-Phys. Christian Weist
Institut für Umformtechnik
Universität Stuttgart

Dr.-Ing. Kurt Lange
o. Professor an der Universität Stuttgart
Institut für Umformtechnik

ISBN 978-3-540-17666-4   ISBN 978-3-662-06524-2 (eBook)
DOI 10.1007/978-3-662-06524-2

2362/3020—543210

GELEITWORT DES HERAUSGEBERS

Die Umformtechnik zeichnet sich durch sehr gute Werkstoffaus-
wertung und hohe Mengenleistung in der Serienfertigung gegenüber anderen Fertigungsverfahren aus, wobei Beibehaltung der
Masse, Änderung der Festigkeitseigenschaften während eines Vor-
gangs und elastische Rückfederung der Werkstücke nach einem
Vorgang wesentliche Merkmale sind. Weiter sind die benötigten
Kräfte, Arbeiten und Leistungen sehr viel größer als z.B. bei
spanenden Verfahren. Die sichere Beherrschung eines Verfahrens
in der industriellen Fertigung und die zunehmende Forderung
nach Vermeidung bzw. Minimierung spanender Nacharbeit erzwingen
die geschlossene Betrachtung des Systems "Umformende Fertigung"
unter zentraler Berücksichtigung plastizitätstheoretischer,
werkstoffkundlicher und tribologischer Grundlagen.

Das Institut für Umformtechnik der Universität Stuttgart stellt
entsprechend Forschung und Entwicklung zum einen auf die Erar-
beitung von Grundlagenwissen in diesen Bereichen ab, zum anderen
untersucht und entwickelt es Verfahren unter Anwendung speziel-
ler Meßtechniken mit dem Ziel einer genauen quantitativen Ermittlung des Einflusses der Parameter von Vorgang, Werkstoff,
Werkzeug und Maschine. Die Behandlung von Problemen des Maschi-
nenverhaltens, der Maschinenkonstruktion sowie der Werkzeugaus-
legung und -beanspruchung, der Auswahl hochbeanspruchbarer,
verschleißfester Werkzeugbaustoffe und schließlich der Tribo-
logie gehört entsprechend ebenfalls zum Arbeitsgebiet, das
durch die Erfassung organisatorischer und betriebswirtschaft-
licher Fragen abgerundet wird.

Im Rahmen der "Berichte aus dem Institut für Umformtechnik" er-
scheinen in zwangloser Folge jährlich mehrere Bände, in denen
über einzelne Themen ausführlich berichtet wird. Dabei handelt
es sich vornehmlich um Abschlußberichte von Forschungsvorhaben,
Dissertationen, aber gelegentlich auch um andere Texte. Diese
Berichte sollen den in der Praxis stehenden Ingenieuren und
Wissenschaftlern zur Weiterbildung dienen und eine Hilfe bei
der Lösung umformtechnischer Aufgaben sein. Für die Studieren-

den bieten sie die Möglichkeit zur Vertiefung der Kenntnisse.
Die seit zwei Jahrzehnten bewährte freundschaftliche Zusammen-
arbeit mit dem Springer-Verlag sehe ich als beste Voraussetzung
für das Gelingen dieses Vorhabens an.

                                        Kurt Lange

<u>Vorwort</u>

Die vorliegende Arbeit enstand während meiner Tätigkeit als wissenschaftlicher Mitarbeiter am Institut für Umformtechnik der Universität Stuttgart.

Herrn Professor Dr.-Ing. K. Lange möchte ich sehr herzlich für das mir entgegengebrachte Vertrauen und seine Unterstützung bei der Anfertigung dieser Arbeit danken.

Herrn Dr.-Ing. habil. K. Pöhlandt danke ich für seine Betreuung und die Durchsicht der Arbeit.

Ebenso gilt mein Dank allen Mitarbeiterinnen und Mitarbeitern des Institutes für Umformtechnik, die durch ihre Hilfe zum Gelingen der Arbeit beigetragen haben.

Der Firma Aluminium-Walzwerke Singen GmbH danke ich für die Durchführung von chemischen Analysen.

Die Mittel zur Durchführung dieser Untersuchung wurden von der Deutschen Forschungsgemeinschaft zur Verfügung gestellt.

Stuttgart, im Januar 1986

Christian Weist

INHALTSVERZEICHNIS

BEGRIFFE UND FORMELZEICHEN

A_K	Kerbzugdehnung
ΔA_K	Kerbzugdehnung-Differenz (Längs- minus Querwert)
$A_{L=80}$	Bruchdehnung (Flachzugprobe)
A_N	Arbeitsvermögen des Pendelschlagwerkes
A_V	Kerbschlagarbeit
α_k	Kerbformzahl
α	Biegewinkel
α_R	Biegewinkel nach Entlastung (rückgefedert)
β	Grenzziehverhältnis
C	werkstoffabhängiger Koeffizient
F	"Empfindlichkeitsmaß"
φ	Umformgrad
$\varphi_b; \varphi_s$	Umformgrad in Breiten- bzw. Dickenrichtung
$\varphi_1; \varphi_2$	Hauptumformgrade
k_f	Fließspannung
K	Rückfederungsverhältnis
K	werkstoffabhängiger Koeffizient
n	Verfestigungsexponent
r	senkrechte Anisotropie

Δr ebene Anisotropie

r_i (Biege-)Stempelradius

R_m Zugfestigkeit

ρ Kerbradius

ρ Rückfederungswinkel

s_0 Anfangsblechdicke

t Kerbtiefe

t^* kritische Kerbtiefe

t_{opt} optimale Kerbtiefe

WR   Abkürzung für Walzrichtung

Z   Brucheinschnürung

Z   Ordnungszahl

ω 95 %-Konfidenzintervall

0   parallel

45   diagonal   }   zur Walzrichtung

90   senkrecht

1 EINLEITUNG

Wegen der Vielfalt der geometrischen Formen von Ziehteilen und Bauteilen läßt sich die Kaltumformbarkeit eines Blechwerkstoffs nur durch die Angabe mehrerer Eigenschaften beschreiben. Dementsprechend gibt es keine universelle Methode zur Prüfung der Kaltumformbarkeit. Häufig werden zu ihrer Beurteilung die Kenngrößen des Flachzugversuches ermittelt. Diese reichen aber in den wenigsten Fällen aus, um das Umformverhalten eines Bleches realistisch zu beurteilen. Das liegt unter anderem daran, daß der Flachzugversuch die mehrachsige Beanspruchung des Werkstoffs während der Umformung nicht simuliert.

Um Spannungs- und Dehnungsbedingungen von Umformvorgängen bei einfacher Versuchsdurchführung zu simulieren, ist anstelle des Zugversuches an ungekerbten Proben der Kerbzugversuch empfohlen worden [1 bis 12]. Dabei tritt an die Stelle der Bruchdehnung die Kerbzugdehnung oder Kerbbruchdehnung. Wahrscheinlich waren Iwamiya et al. [1] sowie Yamaguchi und Taniguchi [2, 3] die ersten, die den Kerbzugversuch als ein Maß für das richtungsabhängige Umformvermögen vorschlugen.

Der Kerbzugversuch bietet noch andere wesentliche Vorteile:

- die Probenherstellung ist einfacher als die Herstellung von Flachzugproben mit Einspannköpfen nach DIN 50 114;

- der Ort des Bruches ist durch die Kerben festgelegt, während beim Flachzugversuch der Bruch in einer merklichen Anzahl von Fällen sogar außerhalb der Meßlänge erfolgt;

- der Versuch ist nicht durch eine Mindestblechdicke eingeschränkt (dies ist zum Beispiel beim Kerbschlagbiegeversuch der Fall, der ebenfalls zur Zähigkeitsbestimmung von Werkstoffen durchgeführt wird [13]).

Allerdings wurden bisher zum Teil widersprüchliche Angaben über die Korrelation der Kerbzugdehnung mit der Eignung des

Werkstoffs für bestimmte Umformverfahren gemacht. Auch ist bisher kaum untersucht worden, wie sich eine Variation der Kerbgeometrie auf die Versuchsergebnisse auswirkt. Das erklärt vielleicht die teilweise widersprüchlichen Ergebnisse verschiedener Autoren.

Außerdem ist die Kerbzugdehnung bisher nur für Stähle untersucht worden. Angaben über die Kerbzugdehnung von Nichteisenmetallen sollten grundsätzlich von gleichem Interesse sein. Zur Klärung der offenen Fragen wurden die hier vorgestellten Untersuchungen durchgeführt.

2 STAND DER FORSCHUNG

2.1 KORRELATION DER KERBZUGDEHNUNG MIT DER UMFORMEIGNUNG UND ANDEREN WERKSTOFFKENNGRÖSSEN

Hamilton und Gordon Parr [5] untersuchten für einige unberuhigte unlegierte Stähle die Korrelation der Kerbzugdehnung mit der Ziehbarkeit und dem r-Wert, dem n-Wert sowie der Karbidmorphologie. Sie verwendeten 10 mm breite Proben mit Einspannköpfen. In der Mitte waren die Proben beidseitig mit 2 mm tiefen V-Kerben (Kerbwinkel 60°, Kerbradius 0,025 mm) versehen. Die Autoren fanden keine Beziehung zwischen der Kerbzugdehnung und irgendeiner der genannten Größen.

Demgegenüber stellten andere Autoren eine Korrelation der Kerbzugdehnung mit der Eignung für verschiedene Umformverfahren und auch mit Werkstoffkenngrößen fest. Die japanischen Autoren verwendeten meistens 25 mm breite Flachzugproben mit Einspannköpfen (Nr. 5 der japanischen Norm JIS Z 2201) mit 2 mm tiefen ISO-V-Kerben.

Iwamiya et al. [1], Yamaguchi und Taniguchi [2, 3] und weitere Autoren [4, 8, 10, 14] stellten einen Zusammenhang zwischen der Kerbzugdehnung und der Biegeeignung von warm- und kaltgewalzten Stählen fest. Ferner wurde eine Korrelation der Kerbzugdehnung mit der Streckziehbarkeit [3, 10] sowie der Abkantbarkeit [3, 8, 10] beobachtet. Nach Matsudo et al. [10] ist die Kerbzugdehnung auch ein Maß für die Tiefziehbarkeit des Werkstoffs.

Auch Sonne et al. [12] ermittelten einen Zusammenhang zwischen der Kerbzugdehnung und der Streckziehbarkeit bei einigen unlegierten und mikrolegierten, warm- und kaltgewalzten Stählen. Sie verwandten Proben wie oben beschrieben, jedoch ohne Einspannköpfe (ähnlich Bild 5).

2.2 EINFLUSS DES GEFÜGES AUF WERKSTOFFKENNGRÖSSEN

Ein Zusammenhang zwischen der Kerbzugdehnung und der senkrechten Anisotropie r ist nach [12] insoweit gegeben, als beide Größen von der Textur beeinflußt werden. Die Kerbzugdehnung hängt jedoch zusätzlich vom Gefüge, d.h. von der Menge und vom Streckungsgrad nichtmetallischer Einschlüsse, ab. Deswegen besteht nur eine begrenzte Korrelation zwischen beiden Größen. Aus Bild 1 ist in weiten Grenzen ein proportionaler Zusammenhang zu erkennen. Für kaltgewalzte Stähle stellten Matsudo et al. [9, 10, 11] ebenfalls einen Zusammenhang zwischen der Kerbzugdehnung und dem r-Wert fest.

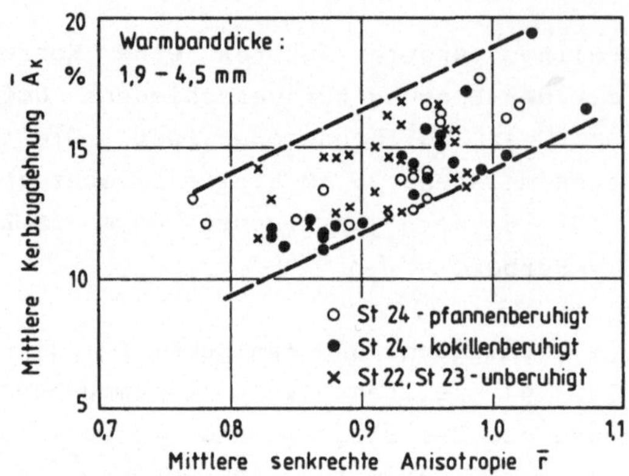

Bild 1: Zusammenhang zwischen mittlerer Kerbzugdehnung und mittlerer senkrechter Anisotropie [12]

Sonne et al. [12] beobachteten eine lineare gleichsinnige Abhängigkeit zwischen der Kerbzugdehnung und der Bruchdehnung ungekerbter Proben sowie einen engen Zusammenhang zwischen der Kerbzugdehnung und der Kerbschlagarbeit-Hochlage, jeweils quer zur Walzrichtung gemessen: beide Kenngrößen nehmen mit steigender Festigkeit ab und reagieren empfindlich und gleichsinnig auf die Menge und Ausbildung von Einschlüssen [15].

Eine besondere Aussagekraft wird der Kerbzugdehnung-Differenz ΔA_K (Längs- minus Querwert) zugemessen. Deren Werte sind na-

hezu dicken- und festigkeitsunabhängig. Dies wird darauf zu-
rückgeführt, daß sich Blechdicken- und Festigkeitseinfluß bei
den Längs- und Querwerten in gleicher Weise auswirken, die
einsinnige Einschlußorientierung jedoch nicht. Somit bleibt
letztere bei der Differenzbildung als Einflußgröße übrig [12].

Zwischen der Kerbzugdehnung-Differenz und dem Quer-Längs-Verhältnis der Kerbschlagarbeit-Hochlagen (Bild 2) sowie der Ein-
schnürung in Dickenrichtung besteht eine klare Abhängigkeit
[15]. Für die durch Einschlüsse hervorgerufene Zähigkeitsanisotropie sind beide Kenngrößen anerkannt zuverlässige Maße
[12].

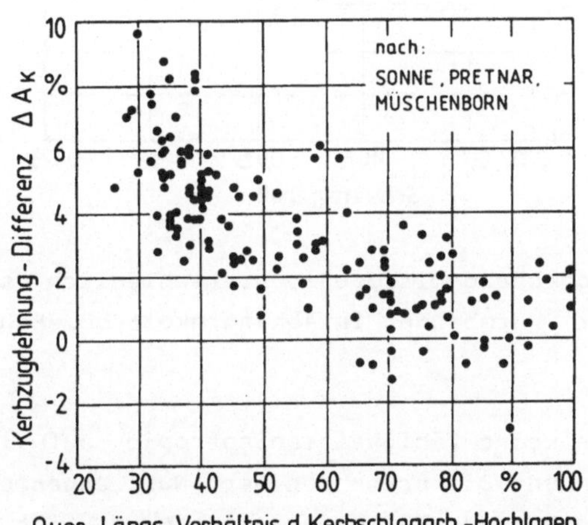

Bild 2: Zusammenhang zwischen dem Quer-Längs-Verhältnis der
Kerbschlagarbeit-Hochlagen und der Kerbzugdehnung-Differenz für unterschiedlich sulfidbeeinflußte Warmbänder (Blechdicken 5 mm bis 13 mm) [12]

Die Kerbzugdehnung-Differenz reagiert unabhängig von Festig-
keits- und Dickenunterschieden empfindlich auf orientierte
Einschlüsse und Gefügezeiligkeiten. So zeigt sie zum Beispiel
einen deutlichen Zusammenhang mit dem Schwefelgehalt, sofern
keine bzw. nur eine unvollständige Sulfideinformung vorliegt
(Bild 3).

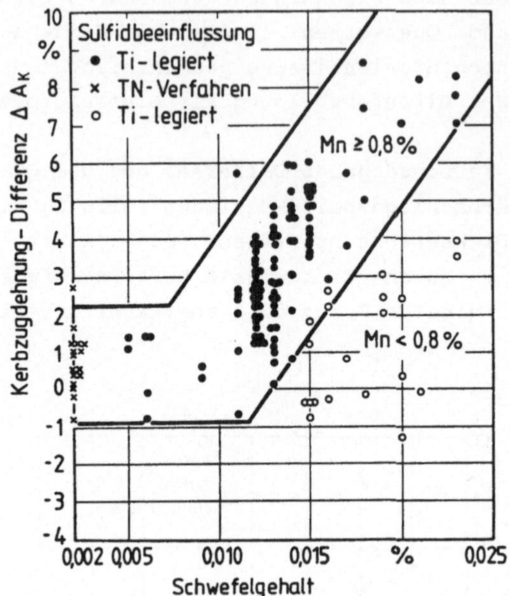

Bild 3: Kerbzugdehnung-Differenz unterschiedlich sulfidbeein-
flußter Warmbänder in Abhängigkeit vom Schwefelgehalt
[12]

Für Stähle, die keine Zähigkeitsanisotropie aufweisen, müßte
die Kerbzugdehnung-Differenz den Wert Null annehmen. Daß dieser Wert nur in wenigen Fällen erreicht wird, ist einmal in
der Streuung der Meßwerte zu suchen; andererseits sind für die
Zähigkeitsanisotropie des Bleches außer den gestreckten Sulfi-
den weitere Gefügeeinflüsse und auch die Textur verantwort-
lich.

Mit steigendem Mangangehalt nimmt die Länge der Sulfidein-
schlüsse zu [16]. Bei niedrigen Mangangehalten (< 0,8 %) liegen relativ kurze Sulfide vor, die durch Zulegieren von Titan
nicht wesentlich beeinflußt werden können. Die Kerbzugdehnung-
Differenzen dieser Werkstoffe sind vergleichbar mit denen von
Stählen mit höherem Mangangehalt, aber deutlich geringeren
Schwefelgehalten, bei denen der Schwefel durch einen Ti-Zusatz

zu unverformten titanhaltigen Einschlüssen legiert wird. Nach dem TN-Verfahren (Thyssen-Niederrhein-Verfahren), einem Entschwefelungsverfahren durch Einblasen von vorwiegend Ca, behandelte Stähle mit einem äußerst niedrigen Schwefelgehalt weisen eine vergleichbar geringe Kerbzugdehnung-Differenz auf. Steigende Mn-Gehalte verhindern zusammen mit größeren S-Gehalten in steigendem Maße die Sulfideinformung durch Titanzugabe. Daraus ergibt sich in Bild 3 eine proportionale Abhängigkeit der Kerbzugdehnung-Differenz vom Schwefelgehalt für Mn-Gehalte über 0,8 %.

Der Zusammenhang zwischen Kerbzugdehnung und Schwefelgehalt ist auch schon von Yamaguchi und Taniguchi [3] sowie Meyer et al. [7] an perlitarmen Stählen untersucht worden. Anhand ihrer Ergebnisse ist die für starke Kaltumformungen ausreichende Zähigkeit erst dann sichergestellt, wenn eine Entschwefelung bis auf Werte unter 0,01 % S erreicht wird (Bild 4), was mit den in Bild 3 dargestellten Ergebnissen übereinstimmt.

2.3 ZUR ALLGEMEINGÜLTIGKEIT DES KERBZUGVERSUCHS

In einigen Arbeiten wird berichtet, daß aus den Ergebnissen des Kerbzugversuchs eine allgemeine Aussage über die Kaltumformbarkeit des untersuchten Werkstoffs, insbesondere der warmgewalzten Stähle, möglich ist [3, 7, 8, 10, mit Einschränkungen 12]. Gonda et al. geben beispielsweise an, daß ein Werkstoff, dessen Kerbzugdehnung 6 % überschreitet (Blechdicke 6 mm), einer beträchtlichen Kaltumformung standhält, wie sie zum Beispiel an warmgewalzten Blechen mit etwa 450 N/mm^2 Zugfestigkeit im Automobilbau durchgeführt wird [8]. Nach Straßburger und Mitarbeitern ist eine gute Kaltumformbarkeit durch eine hohe Kerbzugdehnung und eine geringe Kerbzugdehnung-Differenz ΔA_K gekennzeichnet [17]. Es ist hervorzuheben, daß sich diese Aussage nicht auf spezielle Verfahren der Kaltumformung bezieht.

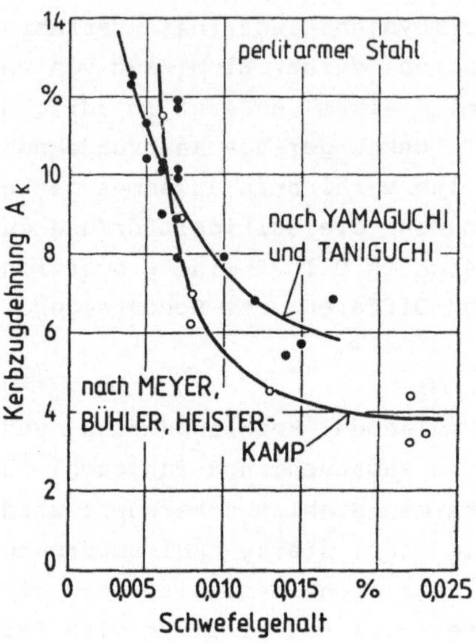

Bild 4: Einfluß des Schwefelgehaltes auf die Kerbzugdehnung
von Proben aus perlitarmem Stahl [3, 7]

2.4 EINFLUSS DER KERBGEOMETRIE AUF DIE KERBZUGDEHNUNG

Es könnte möglich sein, den scheinbaren Widerspruch zwischen
den Ergebnissen von Hamilton und Gordon Parr [5] auf der einen
und praktisch sämtlichen anderen Autoren auf der anderen Seite
dadurch zu erklären, daß Hamilton und Gordon Parr Proben mit
zu tiefen Kerben verwandten. Allerdings wurde in den bisher
bekannten Arbeiten über den Kerbzugversuch der Einfluß der
Kerbgeometrie auf die Aussagekraft des Versuches kaum beach-
tet. Lediglich Brozzo und De Luca ermittelten die Kerbzugdehnung in Abhängigkeit vom Kerbradius [6]. Dabei wurde aber we-
der die Korrelation mit der Eignung für irgendein Umformverfahren noch die Richtungsabhängigkeit des Werkstoffverhaltens
untersucht.

Zur vertieften Deutung des Kerbzugversuchs bedarf es einerseits der Erfassung der makroskopischen Kerbwirkung, zum Beispiel durch eine experimentelle Formänderungsanalyse mit Hilfe

eines Liniennetzes oder durch eine plastomechanische Berechnung; hierüber gibt es in der Literatur verschiedene Arbeiten (z. B. [18]). Andererseits muß auch die Wirkung der Mikrokerben im Werkstoff erfaßt werden, die für die Bruchentstehung maßgeblich sind. Derartige Mikrokerben bestehen vorwiegend aus Ausscheidungen einer zweiten Phase (z. B. Sulfide in Stahl, Mg_2Si in AlMgSi-Legierungen). Bis jetzt sind die Inhomogenitäten meist nur qualitativ untersucht worden (siehe z. B. [12]). Eine quantitative Behandlung des Spannungsfeldes um eine Ausscheidung und seiner Überlagerung mit der makroskopischen Kerbwirkung dürfte schwierig sein (siehe z. B. [19]).

Da in den vorangegangenen Arbeiten der Einfluß der Kerbgeometrie auf die Aussagefähigkeit des Versuches so gut wie nicht ermittelt worden ist, wurde in [20] am Beispiel des Tiefziehstahlblechs St 13 O3 der Einfluß der Kerbgeometrie auf die Kerbzugdehnung untersucht. Dabei wurde die Richtungsabhängigkeit des Werkstoffverhaltens berücksichtigt. Die Probenform entsprach der von Sonne et al. [12] (ähnlich Bild 5), wobei die Kerbtiefe bei einer Blechdicke von 2 mm im Bereich zwischen 1 und 4 mm variiert wurde.

Die Versuchsergebnisse legen die Vermutung nahe, daß eine sog. optimale Kerbtiefe existiert, bei welcher eine Richtungsabhängigkeit der Kerbzugdehnung am empfindlichsten nachgewiesen wird. Die Existenz einer solchen optimalen Kerbtiefe läßt sich durch folgende Überlegung plausibel machen.

Für zu tiefe Kerben ist die Kerbwirkung so stark, daß sie die Wirkung von Mikrokerben im Werkstoff verdeckt, und die Kerbzugdehnung wird so klein, daß sie nur ungenau ermittelt werden kann - sie wird ja durch Differenzmessung bestimmt. Demgegenüber werden für zu schwache Kerben die Bedingungen denen von ungekerbten Proben angenähert, und es wird in grober Näherung die Bruchdehnung gemessen. Diese streut aber nach aller Erfahrung erheblich, zumal der Ort des Bruches nicht selten außerhalb der Meßlänge liegt. Demnach wird es schon im Hinblick auf den Meßfehler der gemessenen Kerbzugdehnung eine "optimale"

Kerbtiefe geben, für welche der relative Meßfehler ein Minimum annimmt.

Im Fall des Tiefziehblechs St 13 03 lag die "optimale" Kerbtiefe für eine Probenbreite von 25 mm bei etwa 1 mm. Die Existenz einer optimalen Kerbtiefe würde auch die scheinbar widersprüchlichen Literaturangaben erklären. Während in [11, 12] die relative Kerbtiefe in der Größenordnung des "optimalen" Wertes lag, betrug sie in [5] dessen Fünffaches. Wenn die Kerbzugdehnung bei "optimaler" Kerbtiefe als Maß für die Umformeignung gelten kann, wäre damit erklärt, daß in [5] keine Korrelation der Kerbzugdehnung mit der Umformeignung gefunden wurde, während andere Ergebnisse eine solche Korrelation bestätigen [1 bis 4, 7 bis 12, 14, 15, 17].

Neben der Messung der Kerbzugdehnung wurde in [20] auch die Form der Bruchausbildung untersucht. Bei ungekerbten Proben lag nach dem Bruch die größte bleibende Verformung entlang den Kanten vor, weil der Bruch von der Probenmitte ausging. Demgegenüber bestand bei Proben mit großer Kerbtiefe die größte bleibende Dehnung in der Probenmitte, weil der Rißbeginn im Kerbgrund erfolgte. Demnach wird bei einer kritischen Kerbtiefe t* der Riß gleichzeitig im Kerbgrund und in der Probenmitte beginnen, wodurch sich eine besonders homogene Verteilung der bleibenden Dehnung über den Probenquerschnitt ergibt. Bei der kritischen Kerbtiefe entspricht die Kerbwirkung der makroskopisch aufgebrachten Kerben der Wirkung der Mikrokerben im Gefüge. Das Verhältnis dieser kritischen Kerbtiefe zu der erwähnten "optimalen" Kerbtiefe ist noch nicht genau geklärt. In [20] wurde die Kerbtiefe in Schritten $\geqslant$ 1 mm variiert, was für eine Klärung dieser Frage zu grob ist.

2.5 <u>VORTEILE DER KENNGRÖSSE KERBZUGDEHNUNG</u>

Im Vergleich zu anderen für die Blechumformung wesentlichen
Kenngrößen weist die Kerbzugdehnung einige Vorteile auf:

- Der Ort des Bruchs ist durch die Kerben von vornherein
  festgelegt, während beim Flachzugversuch ungefähr ein
  Viertel der Messungen verloren geht, weil der Bruch außerhalb der Meßlänge oder zu dicht an den Meßmarken liegt;

- Die fertigungsbedingten Toleranzen üben auf die Ergebnisse
  des Kerbzugversuchs nur einen geringen Einfluß aus. Dagegen rufen beim Flachzugversuch die Fertigungstoleranzen
  große Streuungen der Versuchsergebnisse hervor. So zieht
  eine Abweichung von der Parallelität der Kanten um nur
  0,5 % (zulässige Toleranz!) ca. 20 % Streuung in der
  Bruchdehnung nach sich [21];

- Die Bestimmung der Kerbzugdehnung ist einfacher als die
  Bestimmung aller anderen Werkstoffkenngrößen mit Ausnahme
  der Kerbschlagarbeit;

- Die Probenherstellung ist einfacher als die Herstellung
  von Flachzugproben mit Einspannköpfen;

- Bei Flachzugproben ist der Übergang von der geraden Kante
  zur Rundung am Einspannkopf nicht unproblematisch, denn
  bei nicht sorgfältiger Fertigung kommt es an dieser Stelle
  zu einer Kerbwirkung, so daß der Bruch am Einspannkopf
  erfolgt;

- Die Anwendung der Kerbzugdehnung ist nicht an eine Mindestblechdicke gebunden [7, 12, 20];

- Die Kerbzugdehnung stellt wie die Kerbschlagarbeit ein
  integrales Maß für das Werkstoffverhalten vor und während
  des Bruches dar;

- Die Kerbzugdehnung simuliert, bedingt durch die Kerbwirkung, die mehrachsige Beanspruchung des Blechwerkstoffs bei technischen Umformverfahren [20, 22];

- Sie zeigt ein richtungsabhängiges Werkstoffverhalten empfindlich an, d. h. sie läßt Rückschlüsse auf die Textur wie auf Zweitphasen zu. Die Richtungsabhängigkeit kann als Maß für die Einformung von Einschlüssen einer zweiten Phase dienen [7, 9 bis 12, 20];

- Sie korreliert mit Umformverfahren, wie z. B.

    Streckzieheignung[3, 10, 12]
    Eignung für Biegeumformung[1, 3, 4, 8, 10, 14]
    Abkantbarkeit[12]
    Tiefzieheignung[10]

bzw. allgemein mit der Kaltumformbarkeit [3, 7, 8, 10, 12, 15, 17].

Bisher blieben folgende wesentliche Fragen ungeklärt:

- Die Übertragbarkeit der Ergebnisse auf andere Werkstoffe wurde bisher nicht untersucht. Alle bekannten Literaturangaben [1 bis 12, 14, 15, 17, 20, 22] beziehen sich auf Stähle.

- Es wurde zwar die Existenz einer sogenannten "optimalen" Kerbtiefe plausibel gemacht, bei der die Richtungsabhängigkeit der Kerbzugdehnung am empfindlichsten ist. Bisher wurde aber nicht untersucht, ob die Kerbzugdehnung bei dieser Kerbtiefe auch die Umformeignung am besten zu beurteilen gestattet.

Diese Fragen sind aber von Bedeutung für die Anwendung des Kerbzugversuchs in der Praxis.

3 EXPERIMENTELLE DURCHFÜHRUNG

Ziel der hier vorgestellten Untersuchung ist es, die Anwendung des Kerbzugversuches auf beliebige Werkstoffe zu ermöglichen, wobei dann die Kenngröße Kerbzugdehnung das richtungsabhängige Umformvermögen des Bleches beschreibt. Zu diesem Zweck sollte die Kerbgeometrie in Abhängigkeit vom Werkstoff optimiert werden, weshalb zunächst Kerbzugversuche an Proben unterschiedlicher Kerbgeometrie durchgeführt wurden. Die optimale Kerbgeometrie sollte im Hinblick auf die Empfindlichkeit, mit der eine Richtungsabhängigkeit der Kerbzugdehnung nachgewiesen wird, bestimmt werden.

3.1 WERKSTOFFE

Als Werkstoffe wurden einerseits Stähle ausgewählt, um mit Literaturangaben vergleichen zu können, andererseits Nichteisenwerkstoffe, für die noch keine Angabe vorliegen.

In vollem Umfang wurden die Untersuchungen am Tiefziehstahlblech RRSt 14 O3 mit Blechdicken zwischen 0,5 und 3 mm sowie an der kaltausgehärteten Aluminiumlegierung AlMgSi 1 F 21 mit Blechdicken zwischen 0,6 und 4 mm durchgeführt. Darüber hinaus wurden bei einer Blechdicke von 1 mm ein nichtrostender austenitischer Stahl, ein titan-mikrolegierter höherfester Stahl, zwei naturharte Aluminiumlegierungen sowie ein Messingwerkstoff untersucht, s. Tabelle 1.

Angaben über die chemische Zusammensetzung, die mechanischen Kennwerte und Fließkurven der untersuchten Werkstoffe befinden sich im Anhang.

Tab. 1: Übersicht über die untersuchten Werkstoffe und Blechdicken

W e r k s t o f f		B l e c h d i c k e s_O / mm					
Kurzname	Werkstoffnr.	0,5	0,6	1	1,5	3	4
RRSt 14 O3	1.0338	x		x	x	x	
FeE 420 F	i.8902			x			
X 5 CrNi 18 9	1.4301			x			
AlMgSi 1 F 21	3.2315.51		x	x		x	x
AlMg 2,5 w	3.3523.10			x			
AlMg 5 w	3.3555.10			x			
CuZn 36 F 30	2.0335.10			x			

3.2 PROBENFORM UND VERSUCHSDURCHFÜHRUNG

Die verwendeten Versuchsproben hatten wie in [11, 12, 20] eine
Breite von 25 mm und eine Anfangsmeßlänge von 50 mm, verglei-
che Bild 5. Wie von Sonne et al. berichtet wird, hat das Feh-
len von Einspannköpfen keinen Einfluß auf das Prüfergebnis
[12]. Der Einfluß der Anfangsmeßlänge auf den Wert der Kerbzugdehnung ist von Matsudo et al. untersucht worden, wobei die
zuverlässigsten Ergebnisse mit Anfangsmeßlängen von 50 mm ermittelt wurden [9, 11].

Die Kerbformen wurden denen von Kerbschlagbiegeproben nach
DIN 50 115 angeglichen. Untersucht wurden die Spitz- oder V-
Kerbe (Bild 5 a) sowie Rund- bzw. U-Kerben (Bild 5 b).

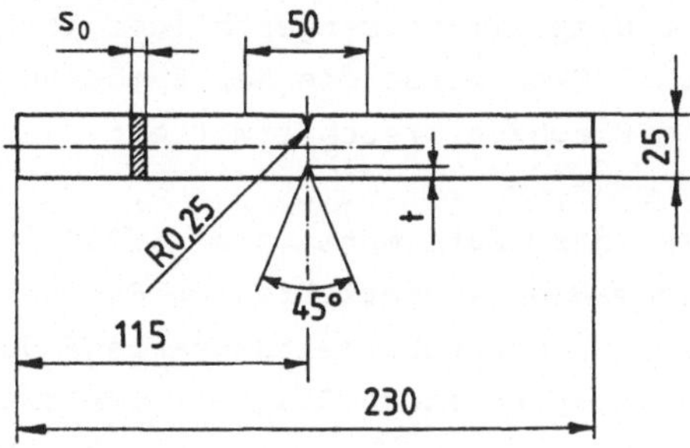

Bild 5 a: Kerbzugprobe mit Spitzkerbe

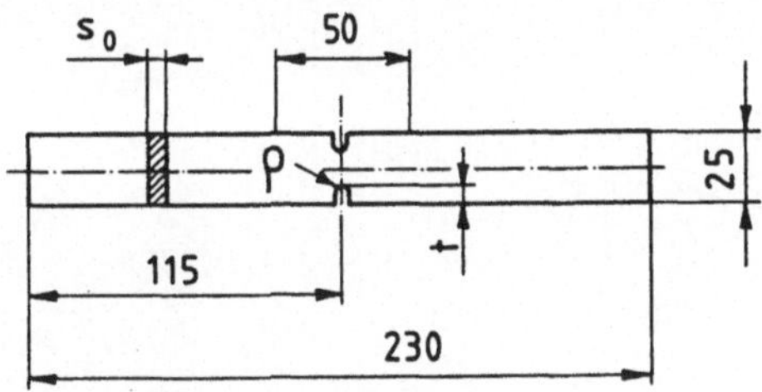

Bild 5 b: Kerbzugprobe mit Rundkerbe

Es wurden jeweils variiert:

- die Kerbtiefe t : von 0,5 bis 6 mm (in einem Fall bis 11 mm) in Schritten von 0,25 mm, 0,5 mm bzw. 1 mm

- die Blechdicke s_0: bei zwei Werkstoffen zwischen 0,5 bis 4 mm (sonst: s_0 = 1 mm = const.)

an Proben mit Rundkerbe bei zwei Werkstoffen zusätzlich:

- der Kerbradius ρ : von 0,5 bis 3 mm in Schritten von 0,5 bzw. 1 mm (sonst: ρ = 1 mm = const.)

Für jede Kerbgeometrie wurden je 5 Proben mit einer Orientierung von 0°, 45° und 90° zur Walzrichtung dem Blech entnommen. Nach dem Fräsen der Kanten und der Kerben, Aufbringen der Meßmarken und exemplarischen Messen der Anfangsmeßlänge

mit einem Meßmikroskop wurden die Proben auf einer Universal-
prüfmaschine mit einer Traversengeschwindigkeit von 10 mm/min
zerrissen. Anschließend wurde die Kerbzugdehnung analog zur
Bruchdehnung beim Flachzugversuch ermittelt.

Wegen der Fülle des Datenmaterials (5000 Versuchsproben!)
wurden die routinemäßig wiederkehrenden Rechnungen mit Hilfe
einer elektronischen Datenverarbeitungsanlage durchgeführt und
anschließend die entsprechenden Diagramme automatisch gezeich-
net.

4.1   ABHÄNGIGKEIT DER KERBZUGDEHNUNG VON DER KERBTIEFE UND DER PROBENLAGE ZUR WALZRICHTUNG

Die Kerbzugdehnung weist für alle Werkstoffe in Abhängigkeit von der Kerbtiefe einen qualitativ gleichen Verlauf auf, weshalb wenige Beispiele genügen sollen.

In Bild 6 ist die Kerbzugdehnung des Werkstoffs RRSt 14 03 für zwei verschiedene Kerbformen über der Kerbtiefe aufgetragen. Parameter ist jeweils die Lage der Probe zur Walzrichtung. Für den Wert t = 0 wurden die Bruchdehnungswerte aus dem Flachzugversuch nach DIN 50 114 mit Hilfe einer Abschätzung nach Sonne et al. [23] auf die vorliegenden Probenabmessungen umgerechnet. Es ist einleuchtend, daß die Kerbzugdehnung mit anstei-

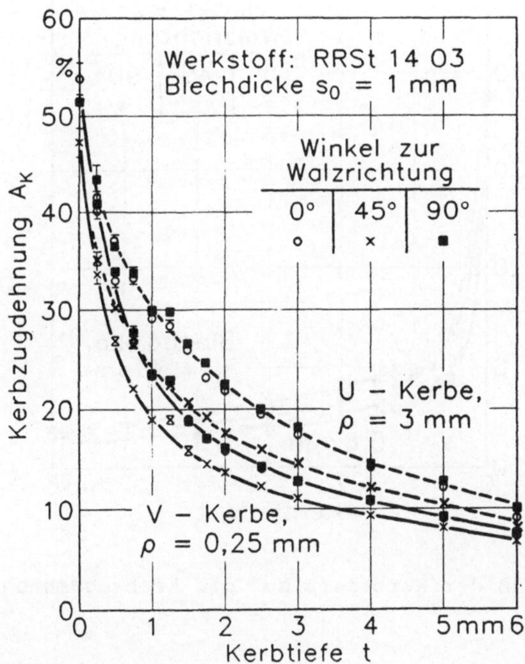

Bild 6: Einfluß der Kerbtiefe auf die Kerbzugdehnung

gender Kerbtiefe abnimmt. Die Steigung der Kurve ist für kleine Kerbtiefen am größten. Daher kann für Proben mit kleinen Kerben schon eine geringfügige Variation der Kerbtiefe bzw. der Probenbreite eine deutliche Änderung der Kerbzugdehnung hervorrufen.

Aus Bild 6 ist zu ersehen, daß mit schärfer werdender Kerbe die Kerbzugdehnung ebenfalls abnimmt. Ähnlich wie bei der aus dem Flachzugversuch ermittelten Bruchdehnung nimmt die Kerbzugdehnung mit steigender Blechdicke zu, was in Bild 7 beispielhaft für einen Aluminiumwerkstoff dargestellt ist.

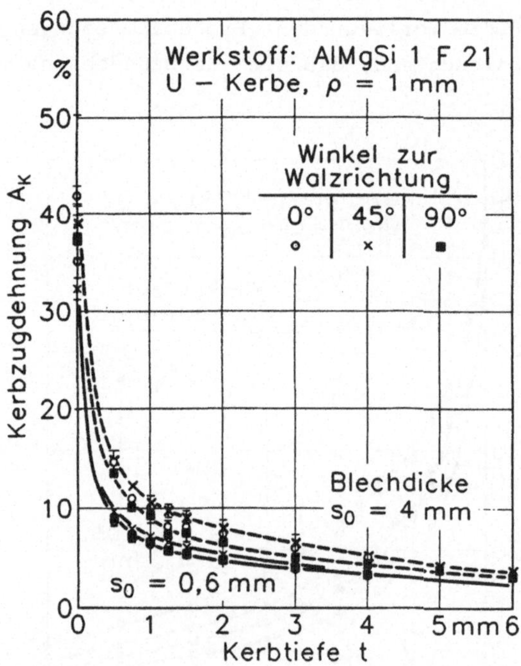

Bild 7: Einfluß der Kerbtiefe auf die Kerbzugdehnung

Um die Richtungsabhängigkeit der Kerbzugdehnung deutlich zu
machen, ist in Bild 8 die Kerbzugdehnung des unlegierten Tief-
ziehstahls St 14 über der Lage der Probe zur Walzrichtung aufgetragen. Wie sich zeigt, kann die Beziehung

$$A_K(0) \cong A_K(90) > A_K(45) \tag{1a}$$

aufgestellt werden ($A_K(0)$, $A_K(45)$, $A_K(90)$ für parallel, diagonal und senkrecht zur Walzrichtung).

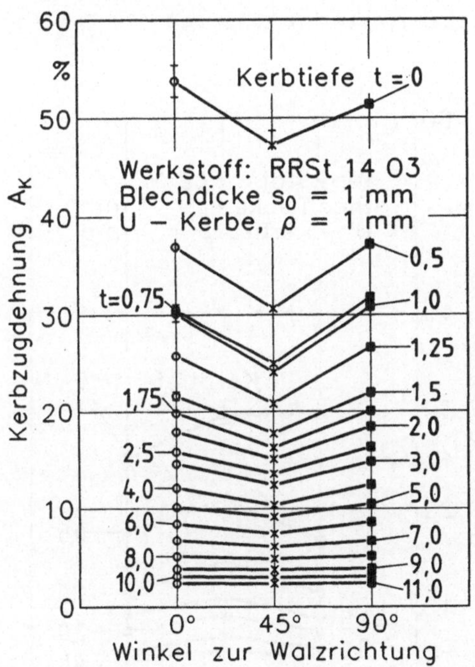

Bild 8: Kerbzugdehnung in Abhängigkeit von der Probenlage zur
        Walzrichtung

Bei anderen Werkstoffen weisen die Proben, die dem Blech unter
45° zur Walzrichtung entnommen wurden, die größten Kerbzugdehnungen auf. Jedoch unterscheiden sich auch in diesem Fall
für die meisten Werkstoffe die Kerbzugdehnungen parallel und
senkrecht zur Walzrichtung nicht so deutlich voneinander:

$$A_K(0) \cong A_K(90) < A_K(45) \tag{1b}$$

Dies trifft im allgemeinen auch für solche Werkstoffe zu, bei
denen die Bruchdehnung ein anderes Verhalten zeigt (näheres in
Kapitel 5). Als Beispiel ist in Bild 9 die Kerbzugdehnung des
höherfesten mikrolegierten Stahls FeE 420 F aufgetragen.

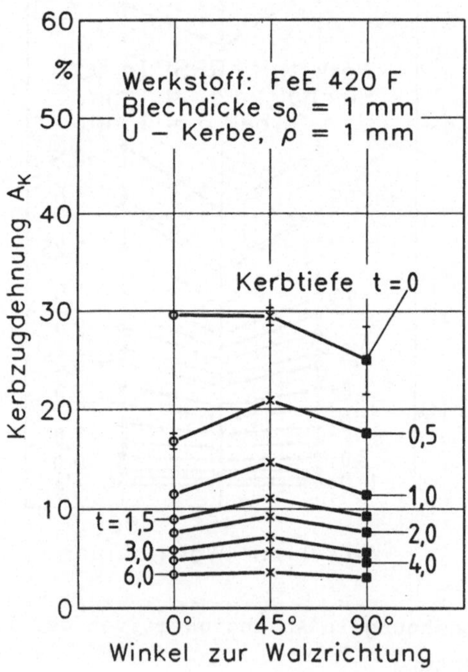

Bild 9: Kerbzugdehnung in Abhängigkeit von der Probenlage zur
        Walzrichtung

4.2 ERMITTLUNG DER OPTIMALEN KERBGEOMETRIE

Wie eingangs erwähnt wurde, war es ein vorrangiges Ziel der
Untersuchung, die Kerbgeometrie in Abhängigkeit von Werkstoff
und Blechdicke zu optimieren. Zu diesem Zweck wurden bei mehreren Werkstoffen die Kerbtiefe sowie bei zwei Werkstoffen die
Kerbform und die Blechdicke variiert, um den Einfluß der Kerbgeometrie auf das Versuchsergebnis zu ermitteln.

Um die Richtungsabhängigkeit der Kerbzugdehnung in Abhängigkeit von der Kerbgeometrie besser zu veranschaulichen, wurden
die Quotienten der Diagonal- zu den Längswerten $A_K(45)/A_K(0)$
und Quer- zu Längswerten $A_K(90)/A_K(0)$ gebildet und über der
Kerbtiefe aufgetragen. Bild 10 zeigt diese Darstellung für
St 14. Die Werte für $A_K(90)/A_K(0)$ bewegen sich hier für alle

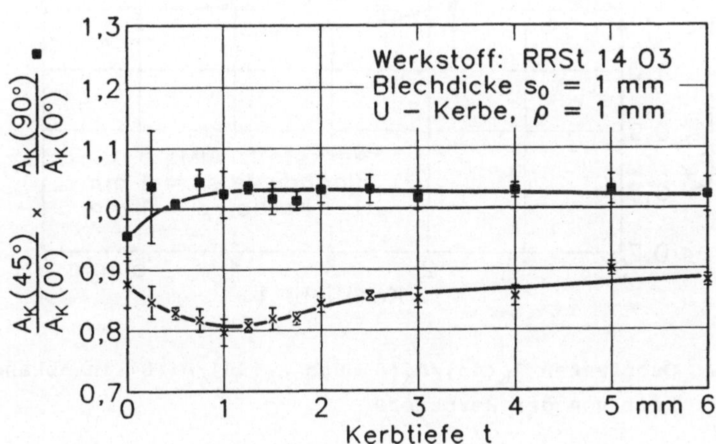

Bild 10: Quotienten $A_K(45)/A_K(0)$ und $A_K(90)/A_K(0)$ in Abhängigkeit von der Kerbtiefe

untersuchten Kerbgeometrien mehr oder weniger um den Wert 1,
was auch schon im Ausdruck (1a) beschrieben wurde. Die Kurve
für $A_K(45)/A_K(0)$ hat im Bereich 0,5 mm < t < 2 mm ein schwach
ausgeprägtes Minimum, um für größere Kerbtiefen leicht anzu-
steigen. Bei Kerbtiefen zwischen etwa 0,5 mm und 2 mm ist der

richtungsabhängige Unterschied der Kerbzugdehnung am ausge-
prägtesten.

Bei einigen Werkstoffen zeigen auch die Quer- und Längswerte
einen deutlichen Unterschied der Kerbzugdehnung, so daß die
Beziehungen (1) hier nicht gelten. Zum Beispiel sind die Quotienten der Kerbzugdehnungen eines Aluminiumwerkstoffes in
Bild 11 dargestellt. Hier läßt sich auch für die Werte von
$A_K(90)/A_K(0)$ eine Abhängigkeit von der Kerbtiefe feststellen,
d. h. es tritt in diesem Fall ein leichtes Maximum bei Kerbtiefen zwischen 0 und 2 mm auf.

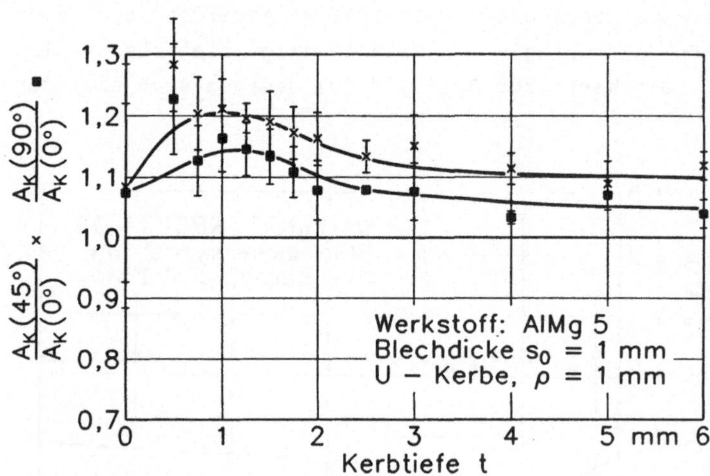

Bild 11: Quotienten $A_K(45)/A_K(0)$ und $A_K(90)/A_K(0)$ in Abhängigkeit von der Kerbtiefe

Bei anderen Werkstoffen zeigt sich dagegen keine eindeutige
Abhängigkeit von der Kerbtiefe, siehe zum Beispiel Bild 12.
Lediglich die Werte des Flachzugversuches (t = 0) weichen oft
vom Mittelwert ab. Außerdem ist es trivial, daß sich die Quotienten für sehr große Kerbtiefen dem Wert 1 nähern, weil die
makroskopische Kerbwirkung so groß ist, daß die Probe bei Zugbeanspruchung sofort zwischen den Kerben einschnürt und
bricht. Bei einer Versuchsreihe wurden Proben mit Kerbtiefen
bis zu 11 mm verwendet (RRSt 14 03, s_0 = 1 mm, ρ = 1 mm), wo-

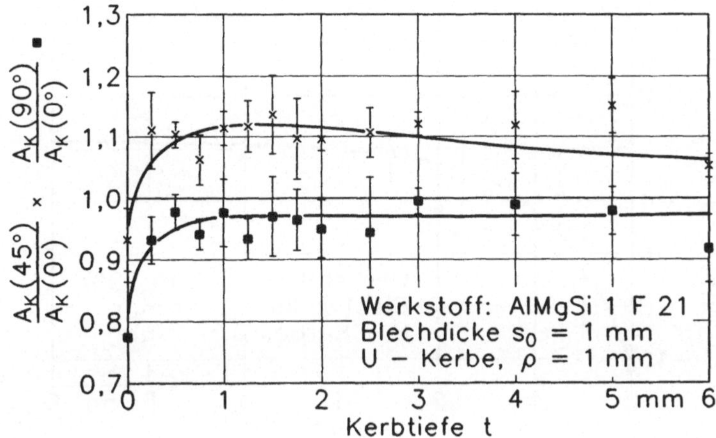

Bild 12: Quotienten $A_K(45)/A_K(0)$ und $A_K(90)/A_K(0)$ in Abhängigkeit von der Kerbtiefe

bei dieser Zusammenhang bestätigt wurde. Die Kurven in Bild 12
zeigen jedoch für solche Kerbtiefen, an denen bei anderen
Werkstoffen Maxima bzw. Minima auftreten, einen nahezu konstanten Verlauf. Deshalb ist es möglich, die an Hand anderer
Versuchsreihen ermittelten optimalen Kerbgeometrien auch bei
diesen Werkstoffen unter der Voraussetzung anzuwenden, daß
diese Geometrien in den konstanten Bereich der Kurven fallen.

Bei einer Auftragung der bereits erwähnten Kerbzugdehnung-Differenz $\Delta A_K = A_K(0) - A_K(90)$ über der Kerbtiefe (Bild 13), läßt
sich aufgrund des Kurvenverlaufs kein Hinweis auf eine optimale Kerbgeometrie ableiten. Allen Werkstoffen ist gemeinsam,
daß die Kerbzugdehnung-Differenz mit steigender Kerbtiefe
deutlich abnimmt. Gleichzeitig wird der Fehler zum Teil wesentlich kleiner. Besonders wegen des für größere Kerbtiefen
abnehmenden Fehlers von ΔA_K wird es sich bei der Ermittlung
der optimalen Kerbgeometrie empfehlen, nach Möglichkeit einer
etwas größeren Kerbtiefe den Vorzug zu geben.

Ferner fällt auf, daß die Kerbzugdehnung-Differenz merklich
kleiner als die Differenz der Bruchdehnungen aus dem Flachzug-

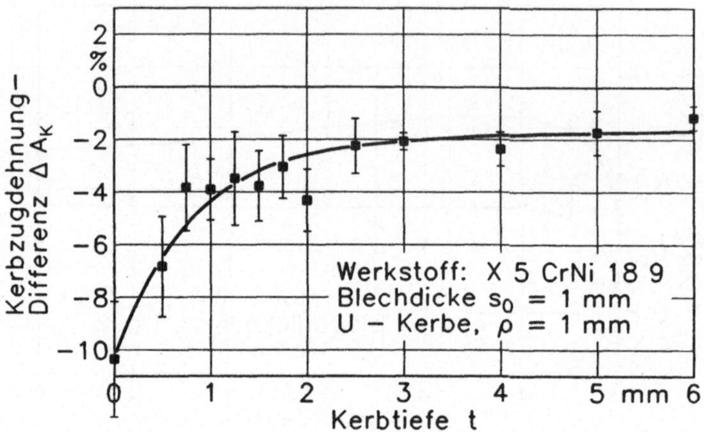

Bild 13: Einfluß der Kerbtiefe auf die Kerbzugdehnung-Differenz

versuch ist, was bei AlMgSi 1 besonders deutlich wird
(Bild 14). Auch hier ist die Abnahme des Fehlers bei steigender Kerbtiefe gut erkennbar.

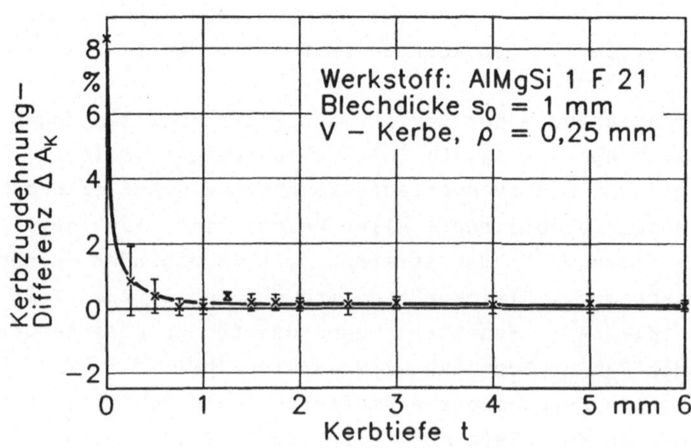

Bild 14: Einfluß der Kerbtiefe auf die Kerbzugdehnung-Differenz

Um eine optimale Kerbgeometrie ermitteln zu können, läßt sich ein sog. "Empfindlichkeitsmaß" F einführen, welches das ebene anisotrope Formänderungsvermögen des Blechwerkstoffs zum Beispiel als Funktion der Kerbtiefe beschreibt [20]:

$$
F(t) = \left| \frac{\dfrac{A_K(45,t)}{A_K(0,t)} - 1}{\omega_{45}} \right| + \left| \frac{\dfrac{A_K(90,t)}{A_K(0,t)} - 1}{\omega_{90}} \right| \tag{2}
$$

mit ω_{45} als 95 %-Konfidenzintervall des Verhältnisses $A_K(45,t)/A_K(0,t)$ und ω_{90} analog für $A_K(90,t)/A_K(0,t)$.

Das Empfindlichkeitsmaß ist ein Maß für die Richtungsabhängigkeit der Kerbzugdehnung unter Berücksichtigung des Meßfehlers. Ursprünglich wurden anstelle der Absolutwerte die Summanden in (2) quadriert, jedoch erwies sich diese Form als günstiger, weil die Ergebnisse einen etwas gleichmäßigeren Verlauf zeigen.

In Bild 15 ist das Empfindlichkeitsmaß für den Werkstoff St 14 mit 1 mm Blechdicke dargestellt. Je mehr sich die Werte der Kerbzugdehnung in Abhängigkeit vom Winkel zur Walzrichtung unterscheiden, desto größer wird F (Zähler). F wird ebenfalls größer, je kleiner der Fehler wird (Nenner). Aufgrund der erwähnten Wechselwirkung zwischen der Kerbwirkung der gefrästen Kerben und der Wirkung der Mikrokerben (im Werkstoff) sowie des Meßfehlers ist zu erwarten, daß eine optimale Kerbtiefe existiert, bei der das Empfindlichkeitsmaß ein Maximum annimmt. Dies wird bei minimalem Fehler der Messung und bei empfindlichstem Anzeigen der Richtungsabhängigkeit der Kerbzugdehnung der Fall sein.

Je größer die Anisotropie des Werkstoffs ist, desto größer wird das Maximum. Das beobachtete Maximum liegt zwischen 1 und 2 mm Kerbtiefe. Deshalb kann für diese Kerbform eine

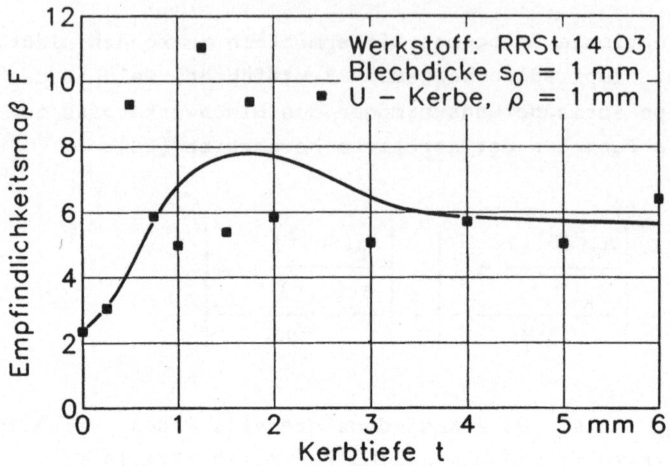

Bild 15: Einfluß der Kerbtiefe auf das Empfindlichkeitsmaß

Kerbtiefe von 1 bis 2 mm hinsichtlich der Empfindlichkeit des
Kerbzugversuchs als optimal angesehen werden.

Mit steigendem Kerbradius verschiebt sich das Maximum zu größeren Kerbtiefen (als Beispiel Bild 16). Wie auch im vorheri-

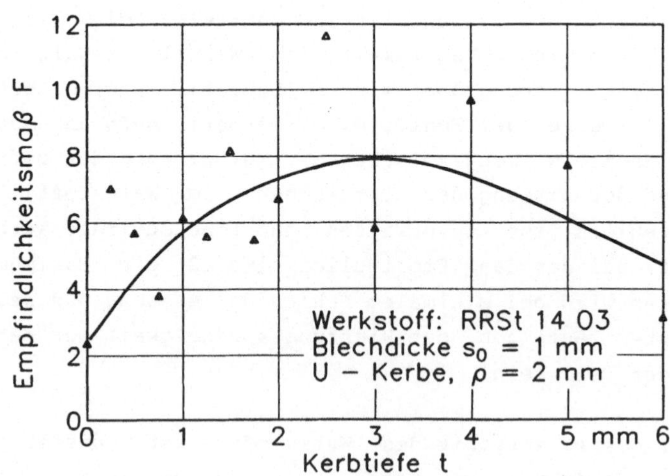

Bild 16: Einfluß der Kerbtiefe auf das Empfindlichkeitsmaß

gen Bild fällt auf, daß die Punkte zum Teil beträchtlich streuen. Da die Meßwerte als solche nicht so stark streuen, kann es nur am Fehler liegen (Nenner in Gleichung (2)). Nachprüfungen ergaben, daß für Punkte, die besonders weit abweichen, der Meßfehler sehr klein war. Bei der Auswertung wurden die Meßwerte vor den weiteren Berechnungen einem Ausreißertest nach Dixon [24, 25] unterzogen, so daß in einigen Fällen ein oder maximal zwei Ausreißer fortfielen. Die verbliebenen Werte wiesen danach gelegentlich eine äußerst geringe Streuung auf, wodurch das Empfindlichkeitsmaß für diese Werte unverhältnismäßig groß wurde.

Konsequenterweise hätte die Anzahl der Proben je Kerbgeometrie erhöht werden müssen, um so die Statistik zu verbessern und den Einfluß des zufälligen Fehlers transparenter zu machen. Für je fünf gleichartige Proben sind einzelne Abweichungen bei dieser Auswertung noch zu groß. Eine spürbare Erhöhung der Probenanzahl hätte jedoch zu einem unvertretbaren Versuchsaufwand geführt, da die Gesamtzahl der untersuchten Proben ohnehin schon bei 5000 lag.

Als Kompromiß wurde das Empfindlichkeitsmaß logarithmisch aufgetragen, um die Streuung der Punkte zu vermindern und so die Bestimmung des Kurvenverlaufs F(t) zu erleichtern. Als Beispiel ist in Bild 17 der Logarithmus des Empfindlichkeitsmaßes über der Kerbtiefe aufgetragen, und zwar für St 14 mit 1 mm Blechdicke und verschiedenen Kerbradien (die Bilder 17 c und d entsprechen den Bildern 15 und 16).

Die geringere Streuung der Punkte mußte durch einen deutlich flacheren Kurvenverlauf erkauft werden, wodurch das Maximum teilweise nicht so leicht bestimmt werden konnte. In anderen Fällen war es dagegen überhaupt erst nach logarithmischer Auftragung möglich, einen sinnvollen Kurvenverlauf festzulegen. An den Bildern 17 läßt sich erkennen, daß sich - wie bereits erwähnt - das jeweilige Maximum mit zunehmendem Kerbradius zu größeren Kerbtiefen verlagert, die optimale Kerbtiefe also zunimmt. Dies legt die Vermutung nahe, daß für alle Probengeometrien ein Maximum bei gleicher Kerbformzahl auftritt. Dies

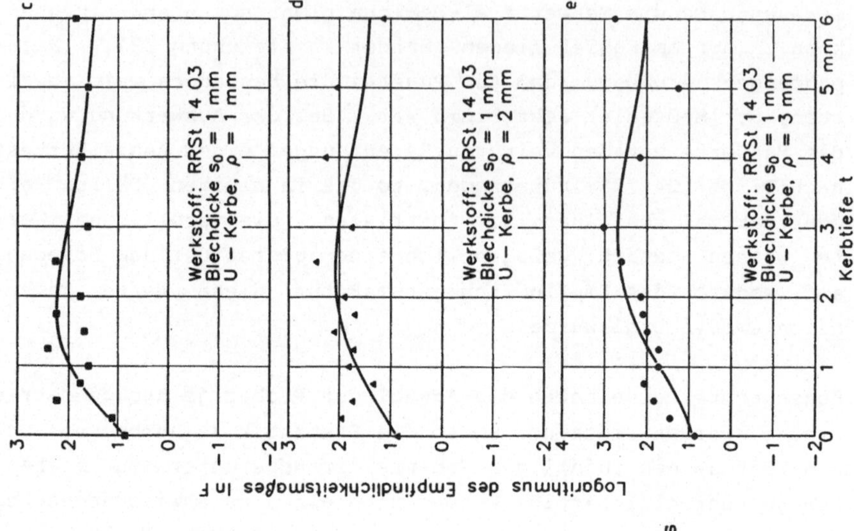

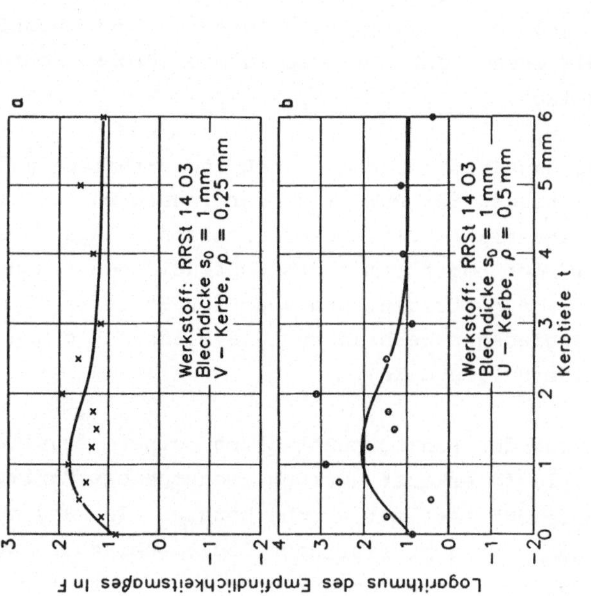

Bild 17: Logarithmus des Empfindlichkeitsmaßes in Abhängigkeit von der Kerbtiefe

würde bedeuten, daß durch die Werte aus einer Meßreihe für
alle Kerbgeometrien eine einzige Kurve gelegt werden könnte
und sich somit die Statistik wesentlich verbessern würde.

Zur Klärung dieser Frage wurden zunächst nach Rainer die Kerbformzahlen α_k für die verwendeten Probengeometrien bei elasti-
scher Zugbelastung berechnet [26]. Sie sind in Bild 18 als
Funktion der Kerbtiefe aufgetragen.

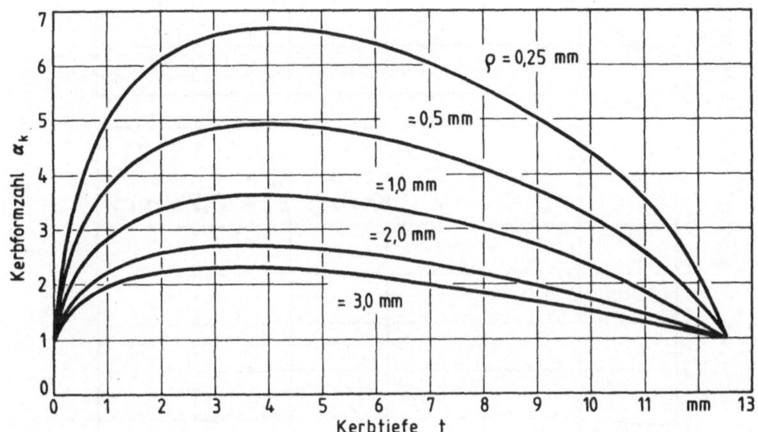

Bild 18: Kerbformzahl α_k als Funktion der Kerbtiefe t (beidseitig gekerbter Flachstab unter Zugbeanspruchung,
Breite = 25 mm)

Bei der Auftragung des Empfindlichkeitsmaßes über der Kerbformzahl konnte jedoch die Vermutung, daß sich dadurch alle
Punkte mit einer Kurve verbinden lassen, nicht bestätigt werden. Allerdings variieren die Kerbformzahlen für größere
Kerbtiefen nur unwesentlich, so daß bei der Darstellung des
Empfindlichkeitsmaßes in Abhängigkeit von der Kerbformzahl die
entsprechenden Punkte enger liegen und deswegen in vielen Fällen die Maxima der Kurven besser zu bestimmen sind (Bild 19).

Daß die Kurven für verschiedene Kerbgeometrien bei dieser Auftragung nicht übereinstimmen, ist wohl darauf zurückzuführen,
daß die Kerbformzahl streng nur im elastischen Bereich ihre

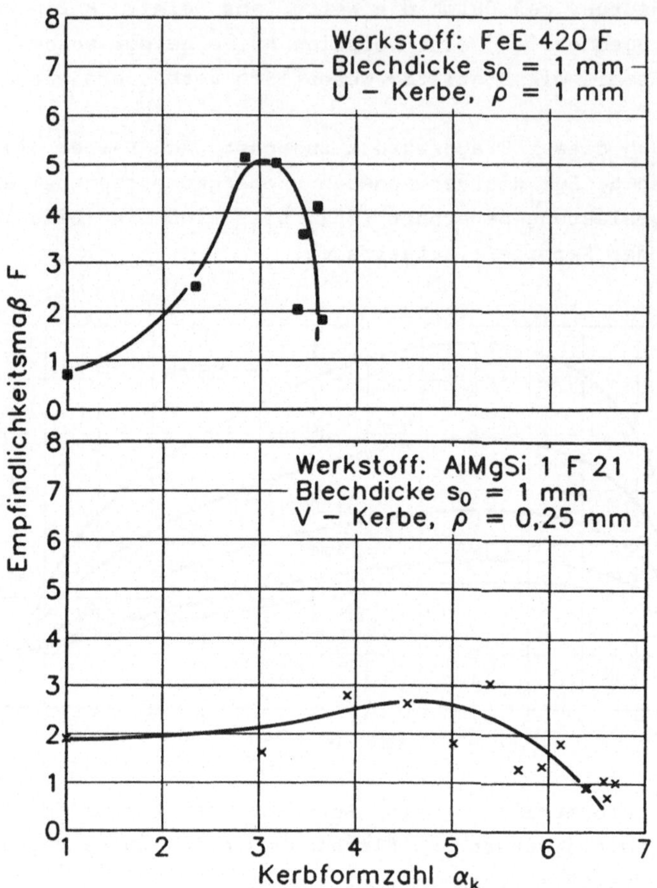

Bild 19: Empfindlichkeitsmaß in Abhängigkeit von der Kerbformzahl

Gültigkeit besitzt, und außerdem zu ihrer Bestimmung der Werk-
stoffeinfluß nicht berücksichtigt wird. Beim Kerbzugversuch
jedoch kommt es zu einer teilweise erheblichen Kerbaufweitung,
was den Wert der "momentanen Kerbformzahl" stetig absinken
läßt. Außerdem müßten bei der Bestimmung eines Wertes wie der
"momentanen Kerbformzahl" die Stoffgesetze des untersuchten
Werkstoffs Anwendung finden.

Bei der Auftragung des Empfindlichkeitsmaßes über der Kerbformzahl konnten die Kurven durch Logarithmieren so geglättet
werden, daß dadurch eine vernünftige Festlegung des Verlaufes
des Empfindlichkeitsmaßes ermöglicht wurde, s. Bild 20. An
Hand dieser Darstellung war es in einigen Fällen möglich, die
optimale Kerbtiefe zu bestimmen. Vielfach konnten Rückschlüsse auf den Verlauf in den anderen Darstellungen gezogen werden, und so durch Vergleich verschiedener Auftragungen eine
optimale Kerbtiefe ermittelt werden.

Bild 21 zeigt die optimalen Kerbtiefen für St 14 und AlMgSi 1
bei konstanter Blechdicke als Funktion der Kerbform, d. h. des
Kerbradius. Die relativ große Streubreite ergibt sich daraus,
daß das "Empfindlichkeitsmaß" im allgemeinen kein scharfes
Maximum aufweist, sondern nur eine optimale Kerbtiefe in wei-
ten Grenzen andeutet. Wie in Bild 17 exemplarisch an Hand des
"Empfindlichkeitsmaßes" gezeigt wurde, nimmt die optimale
Kerbtiefe mit steigendem Kerbradius zu. Für Proben mit V-Ker-
be beträgt sie etwa 1 mm, was die Ergebnisse einer früheren
Untersuchung bestätigt [20].

Im Hinblick auf eine möglichst einfache Anwendung des Kerbzugversuchs wäre es wünschenswert, wenn eine einheitliche Kerbform verwendet werden könnte. Bei Kerbradien > 1 mm hatte das
Empfindlichkeitsmaß im allgemeinen eine etwas größere Streuung
gezeigt. Da hier die Kerbwirkung geringer als bei scharfen
Kerben ist, streuten die Werte der Kerbzugdehnung stärker.

In früheren Untersuchungen sind vorwiegend ISO-V-Kerben (s.
Bild 5 a, Kerbtiefe 2 mm) verwendet worden. Jedoch scheint
diese Kerbform nach den vorliegenden Ergebnissen bei einer
Kerbtiefe von etwa 1 mm die besten Versuchsergebnisse zu lie-
fern. Durch die nicht sehr große Kerbtiefe nähert man sich
damit dem Bereich, in dem eine kleine Schwankung der Kerbtiefe
eine große Änderung der Kerbzugdehnung hervorrufen kann, d. h.
es müssen hohe Anforderungen an die Fertigungsgenauigkeit gestellt werden. Außerdem ist zwar die Form der ISO-Spitzkerbe
bzw. ISO-V-Kerbe bekannt und für Kerbschlagbiegeproben genormt
[13]; ein entsprechender Fräser ist jedoch nicht durch eine

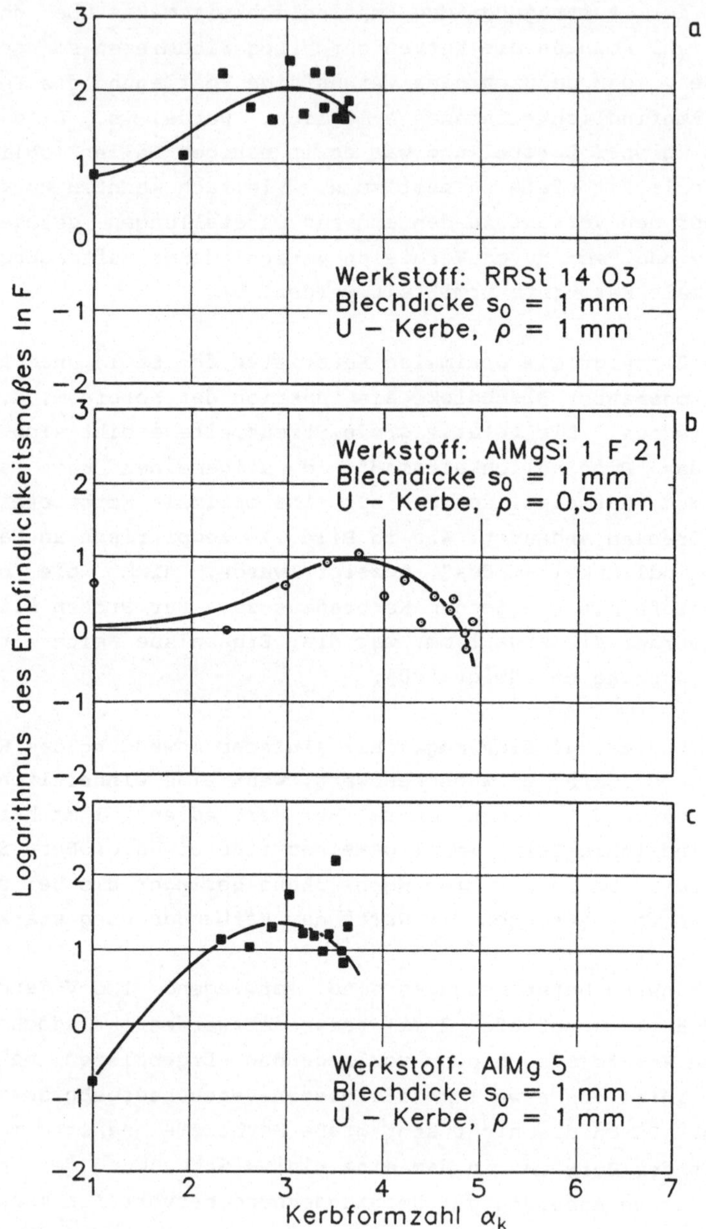

Bild 20: Logarithmus des Empfindlichkeitsmaßes in Abhängigkeit von der Kerbformzahl

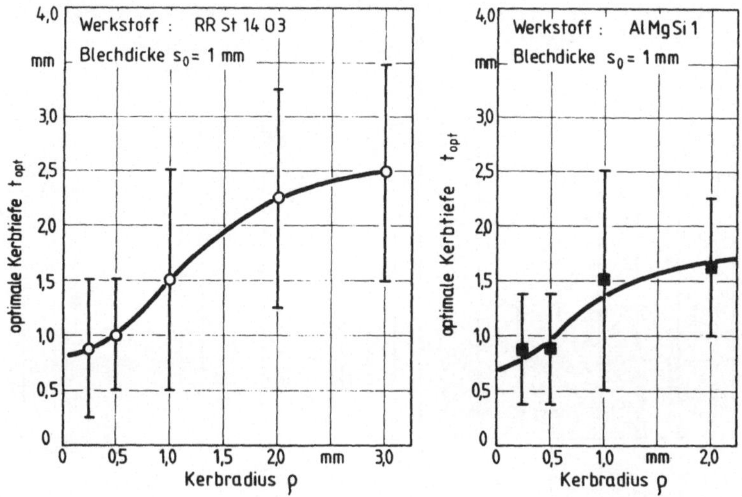

Bild 21: Optimale Kerbtiefe in Abhängigkeit vom Kerbradius

Norm festgelegt, so daß Sonderanfertigungen benutzt werden müssen.

Da bei Kerbradien > 1 mm die Meßwerte größere Streuungen aufweisen und die aufgeführten Gründe gegen die Verwendung der - wenn auch bisher häufig benutzten - ISO-Spitzkerbe sprechen, scheint die Rundkerbe mit 1 mm Kerbradius die beste Kerbform zu sein. Diese Form entspricht der der DVM-Kerbschlagbiegeprobe. Die hierfür benötigte Fräserform ist genormt, was einer einfachen Anwendung des Kerbzugversuchs in der Praxis entgegenkommt: die Proben können in fast jeder Werkstatt schnell und kostengünstig gefertigt werden. Außerdem sind die Kerben besser reproduzierbar als jene mit kleinerem Radius, weil sich ein beginnender Verschleiß am Fräser nicht so schnell bemerkbar macht wie zum Beispiel bei der ISO-V-Kerbe oder der Rundkerbe mit 0,5 mm Radius. Aus diesen Gründen wurden alle weiteren Untersuchungen an Proben mit Rundkerbe mit 1 mm Kerbradius durchgeführt.

Bild 22 zeigt die für diese Kerbform ermittelten optimalen Kerbtiefen. Bis auf eine Ausnahme liegen die Werte zwischen 1

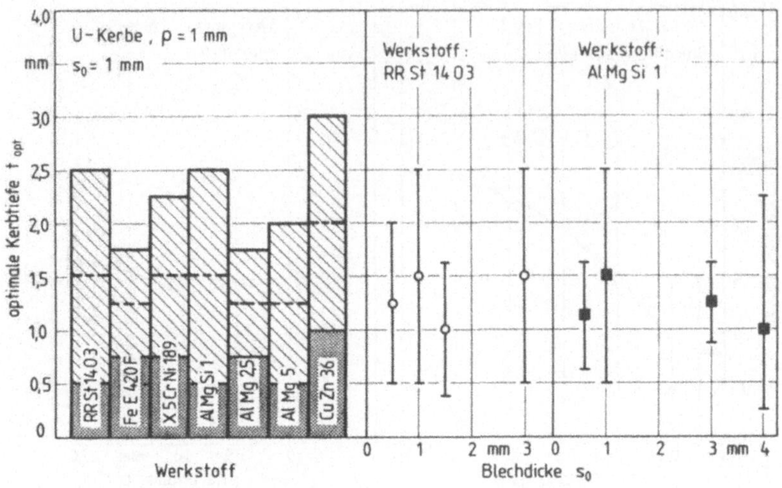

Bild 22: Optimale Kerbtiefe für alle untersuchten Werkstoffe und Blechdicken

und 1,5 mm Kerbtiefe, d. h. offenbar ist die optimale Kerbtiefe - jedenfalls innerhalb der untersuchten Grenzen - sowohl werkstoff- als auch blechdickenunabhängig. Wegen des relativ geringen Unterschieds der Werte ist es im Hinblick auf eine einfache Versuchsanwendung möglich, eine einheitliche Kerbtiefe festzulegen, zumal die einzelnen Werte in verhältnismäßig weiten Grenzen ohne Informationsverlust variiert werden können. Aus Gründen der Reproduzierbarkeit wurde die Kerbtiefe t_{opt} = 1,5 mm gewählt (s. Bild 23). Für Kerbtiefen $t \leqslant 1$ mm kann sich nämlich durch eine leichte fertigungsbedingte Variation von t der Winkel zwischen Kerbflanke und Außenkante der Probe ändern (Bild 23 a), während bei größeren Kerbtiefen dieser Winkel konstant bleibt (Bild 23 b). Mit anderen Worten: es kann bei größeren Kerbtiefen die festgelegte Kerbgeometrie besser eingehalten werden. Außerdem ist bei t = 1,5 mm der Einfluß einer Änderung der Kerbtiefe auf die Kerbformzahl geringer als bei t = 1 mm (vgl. Bild 18).

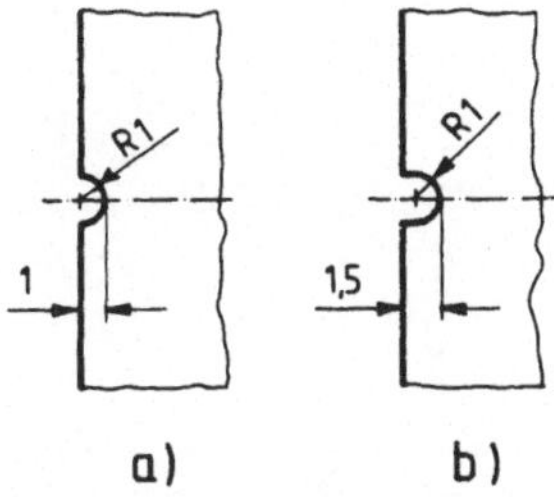

Bild 23: Vergleich ähnlicher Kerbgeometrien

Im Folgenden beziehen sich alle Angaben - wenn nicht anders vermerkt - auf die Kerbgeometrie mit Kerbradius $\rho = 1$ mm und Kerbtiefe $t = 1,5$ mm.

4.3 EIGENSCHAFTEN DER KENNGRÖSSE KERBZUGDEHNUNG

Im Bild 24 sind die Kerbzugdehnungen der untersuchten Werkstoffe für 1 mm Blechdicke jeweils in Abhängigkeit vom Winkel zur Walzrichtung aufgetragen. Der Streubereich der mittleren Kerbzugdehnung

$$\overline{A}_K = \frac{1}{4}\left[A_K(0) + 2A_K(45) + A_K(90)\right] \qquad (3)$$

ist, wie auch der entsprechender Kurven in folgenden Bildern, durch Rasterung dargestellt. Die Kerbzugdehnungen der gut umformbaren Werkstoffe St 14, austenitischer Stahl und Messing liegen in grober Näherung auf gleichem Niveau; die weniger leicht umformbaren Bleche aus höherfestem Stahl und Aluminium haben ebenfalls vergleichbare Werte, jedoch deutlich unterhalb der erstgenannten.

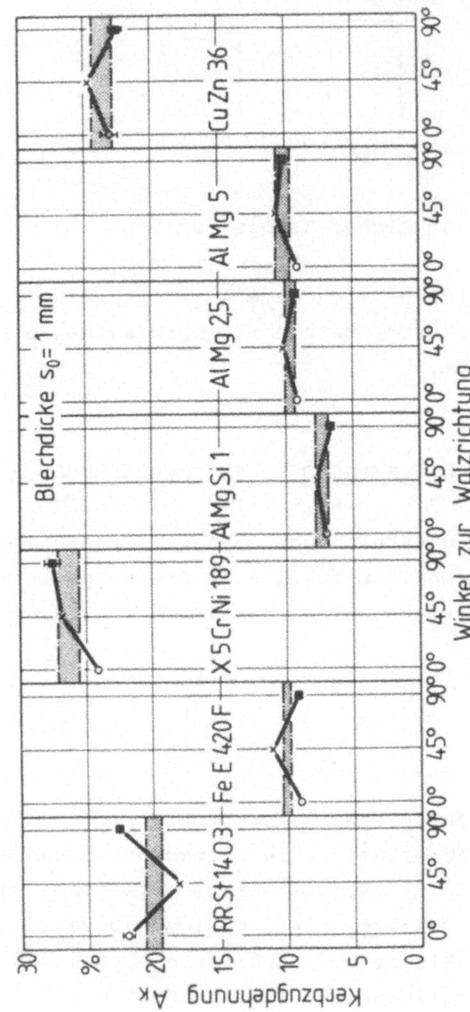

Bild 24: Kerbzugdehnung in Abhängigkeit von der Probenlage zur
Walzrichtung für verschiedene Werkstoffe

4.3.1 Einfluß der Blechdicke auf die Kerbzugdehnung

Bei RRSt 14 O3 und AlMgSi 1 wurde die Kerbzugdehnung verschiedener Blechdicken gemessen (Bild 25). Es ist deutlich zu erkennen, daß die Kerbzugdehnung mit größer werdender Blechdicke zunimmt. Daß die Werte für das Stahlblech mit 0,5 mm Dicke so

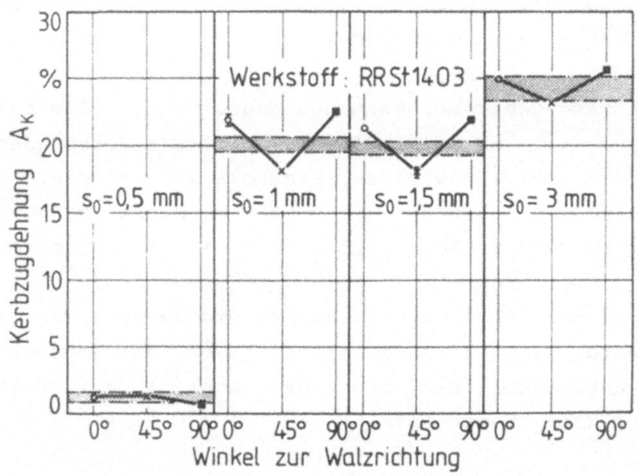

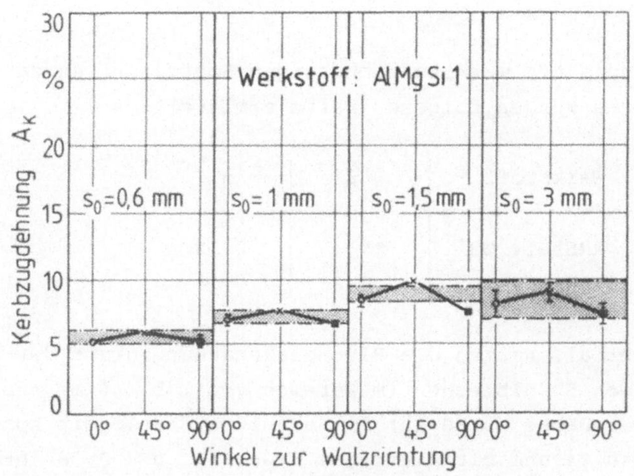

Bild 25: Kerbzugdehnung in Abhängigkeit von der Probenlage zur Walzrichtung für verschiedene Blechdicken

weit aus dem Rahmen fallen, ist wahrscheinlich darauf zurückzuführen, daß der Werkstoff durch Nachwalzen (Dressieren)
stark verfestigt war. Deshalb konnten andere mechanische
Kennwerte bei dieser Blechdicke teilweise nicht aufgenommen
werden. Mit steigender Blechdicke werden bei St 14 die Unterschiede von A_K in Abhängigkeit vom Winkel zur Walzrichtung
kleiner, d. h. die Anisotropie des Werkstoffs nimmt ab. Für
AlMgSi 1 ist diese Aussage im Bereich der untersuchten Blechdicke nicht eindeutig möglich.

Um die Abhängigkeit der Kerbzugdehnung von der Blechdicke darzustellen, ist in Bild 26 die mittlere Kerbzugdehnung von
St 14 und AlMgSi 1 über der Blechdicke aufgetragen. Zum Vergleich sind links daneben die mittleren Kerbzugdehnungen sämt-
licher untersuchter Werkstoffe für $s_0 = 1$ mm dargestellt.

Die funktionale Abhängigkeit der Kerbzugdehnung von der Blechdicke wurde durch lineare Regression bei der doppeltlogarith-
mischen Auftragung (hier nicht dargestellt) ermittelt. Die
Beziehung kann in der Form

$$A_K(s_0) = K\, s_0^{\,a} \tag{4}$$

mit K und a als werkstoffabhängigen Koeffizienten dargestellt
werden. Es wurden folgende Werte ermittelt:

Werkstoff	K	a
RRSt 14 O3	19,4	0,18
AlMgSi 1	6,8	0,26

Matsudo et al. hatten die Blechdickenabhängigkeit der Kerbzugdehnung von Stahlblechen im Bereich von 1 bis 6 mm untersucht
[9, 11]. Dabei wurde für Al-beruhigte Stähle mit hohem C-Gehalt $a \approx 0,24$ und mit niedrigem C-Gehalt $a \approx 0,38$ ermittelt.
Sonne et al. stellten dagegen eine deutlich geringere Zunahme
der Kerbzugdehnung mit der Blechdicke fest [12]. Bei
Dicken < 5 mm betrug der Zuwachs etwa 1 % je Millimeter Blech-

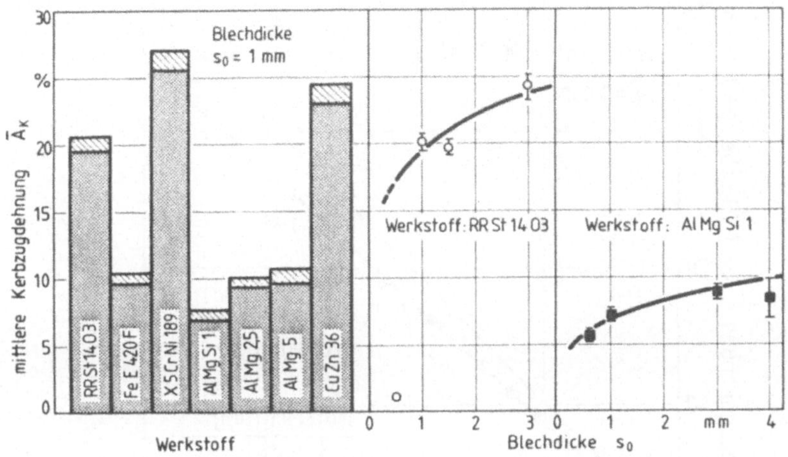

Bild 26: Mittlere Kerbzugdehnung in Abhängigkeit vom Werkstoff bzw. von der Blechdicke

dicke, während er bei Dicken > 5 mm bei beträchtlicher Streuung meist 0,2 % bis 0,4 % je Millimeter Blechdicke ausmachte.

Da die in der vorliegenden Arbeit ermittelten Werte zwischen diesen Angaben liegen, scheinen sie trotz der wenigen Meßpunkte in einem vernünftigen Rahmen zu liegen. Allgemein kann gesagt werden, daß eine Streuung der Dicke des Werkstoffs von wenigen Prozent einen vernachlässigbaren Einfluß auf die Kerbzugdehnung hat.

4.3.2 Vergleich verschiedener Kerbgeometrien

Da in der Literatur zum überwiegenden Teil Kerbzugproben mit ISO-Spitzkerbe verwendet wurden, hier jedoch Gründe für die Bevorzugung einer Rundkerbe sprechen, soll der Einfluß der Kerbform auf das Versuchsergebnis untersucht werden. In Bild 27 sind die Kerbzugdehnungen von Proben mit Spitzkerbe über denen von Proben mit Rundkerbe ($\rho = 1$ mm) bei jeweils gleicher Kerbtiefe aufgetragen. Es ergibt sich, wie vermutet, in guter Näherung (bis auf Grenzbereiche) ein proportionaler

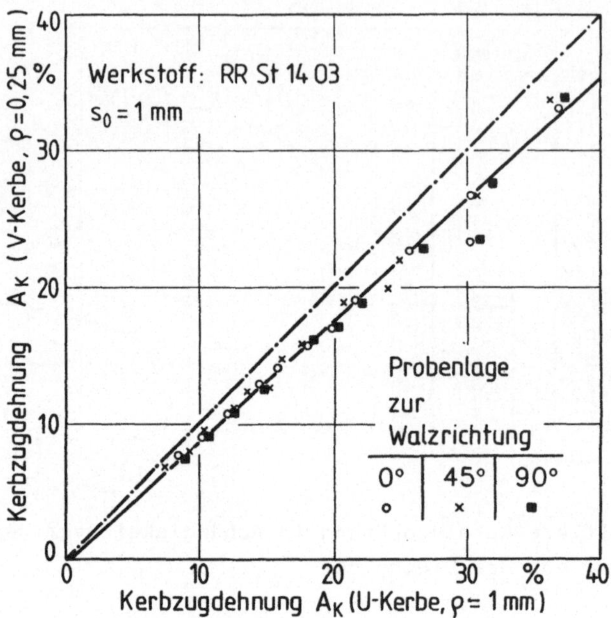

Bild 27: Einfluß der Kerbform auf die Kerbzugdehnung

Zusammenhang. Nur für sehr kleine und sehr große Kerbtiefen zeigen sich Abweichungen von der Proportionalität. Bei sehr kleinen Kerbtiefen nähert man sich den Werten des Flachzugversuchs, dessen Werte zwangsläufig auf der Winkelhalbierenden (strichpunktierte Gerade) liegen. Für sehr große Kerbtiefen geht die Kerbzugdehnung gegen Null. Auf Grund dieser in einem weiten Bereich vorliegenden Proportionalität scheint es evident, daß - abgesehen von absoluten Zahlenwerten - die Ergebnisse von Kerbzugversuchen mit verschiedenen Kerbgeometrien durchaus gegenseitig übertragbar sind.

Daher ist in Bild 28 die Kerbzugdehnung der in der Literatur häufig verwendeten Proben mit ISO-V-Kerbe (t = 2 mm) über der Kerbzugdehnung von Proben mit der ermittelte optimalen Kerbgeometrie (Rundkerbe, ρ = 1 mm, t = 1,5 mm) aufgetragen. Da aus oben dargelegten Gründen nur bei zwei Werkstoffen die Kerbformen variiert wurden, liegen hier lediglich Ergebnisse von St 14 und AlMgSi 1 vor. Offensichtlich ist unabhängig vom

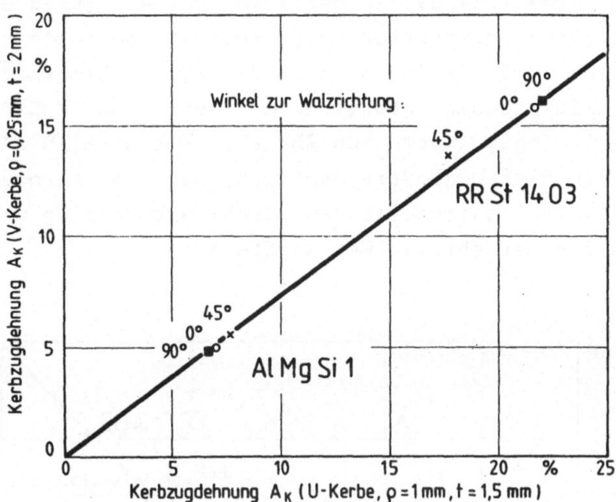

Bild 28: Einfluß der Kerbform auf die Kerbzugdehnung von zwei
bestimmten Kerbgeometrien

Werkstoff und Winkel zur Walzrichtung ein proportionaler Zusammenhang gegeben:

$$A_K(U1) = 1,362 \; A_K(V) \tag{5}$$

mit U1: Rundkerbe, $\rho = 1,0$ mm, $t = 1,5$ mm
       V: ISO-Spitzkerbe, $\rho = 0,25$ mm, $t = 2,0$ mm

Mit Hilfe dieser Beziehung ist es möglich, die Ergebnisse für
beide Kerbgeometrien direkt zu vergleichen.

4.3.3 Nachweis der richtungsabhängigen Umformeignung

Ein Blechwerkstoff ist umso besser umformbar, je größer die
Kerbzugdehnung und je kleiner die Kerbzugdehnung-Differenz ist
[17]. Je größer die Anisotropie der Umformbarkeit ist, desto
größer wird die Kerbzugdehnung-Differenz. Diese Zusammenhänge
werden anschaulich, wenn die Kerbzugdehnungen von Quer- und

Längsproben gegeneinander aufgetragen werden (Bild 29). Von den untersuchten Werkstoffen zeigt keiner eine ausgeprägte Anisotropie der Umformeignung, denn die Punkte liegen dicht bei der Winkelhalbierenden. Lediglich der Wert von X 5 CrNi 18 9 weicht geringfügig mehr von ihr ab. Wie an Bild 24 bereits gezeigt, wird hier besonders deutlich, daß die Kerbzugdehnungen von St 14, austenitischem Stahl und Messing wesentlich größer als die der übrigen Werkstoffe sind.

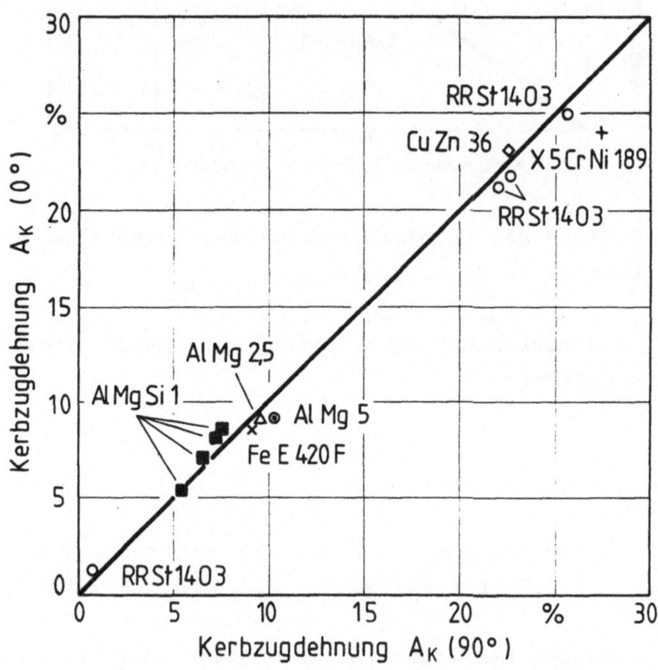

Bild 29: Vergleich der Kerbzugdehnung von Längsproben und Querproben

Bild 30 zeigt die Kerbzugdehnung-Differenzen aller untersuchten Werkstoffe. Auf den ersten Blick scheinen die Werte willkürlich zu streuen. Bis auf eine Ausnahme allerdings liegt die Kerbzugdehnung-Differenz zwischen + 1 und - 1 %, d. h. die Differenz ist gemessen an der Kerbzugdehnung recht klein.

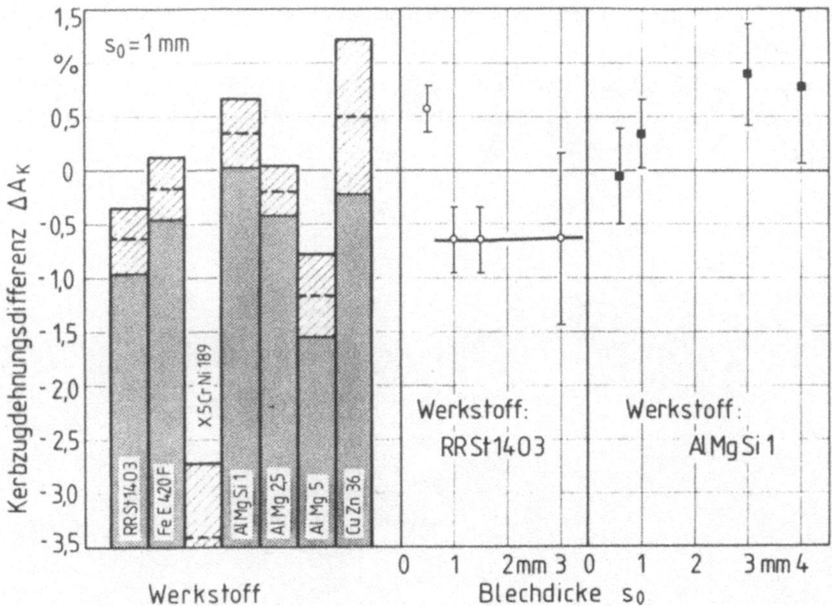

Bild 30: Kerbzugdehnung-Differenz in Abhängigkeit vom Werkstoff bzw. von der Blechdicke

Vergleicht man die Ergebnisse mit denen in Bild 3, so stellt man fest, daß sich die Werte innerhalb des horizontalen Bereichs des Streubandes befinden, für den eine vollständige Sulfideinformung vorlag. Daher läßt sich vermuten, daß in keinem der untersuchten Werkstoffe verformte Einschlüsse vorliegen, die die Umformbarkeit negativ beeinflussen könnten (s. Kap. 6). So ist es auch zu erklären, daß einige Werte negativ sind, während bei gestreckten Einschlüssen mit sehr großer Wahrscheinlichkeit Kerbzugdehnung-Differenzen größer Null von mehreren Prozent vorliegen würden.

Für St 14 ist die Kerbzugdehnung-Differenz von der Blechdicke unabhängig (Bild 30), d. h. die früher beobachtete Blechdickenunabhängigkeit von ΔA_K für Stahl wird bestätigt. Für AlMgSi 1 kann jedoch keine eindeutige Aussage gemacht werden. Betrachtet man nun die Werte unter Vernachlässigung der Fehler, so scheint ΔA_K mit steigender Blechdicke zuzunehmen oder auch bei $s_o = 3$ mm ein Maximum aufzuweisen. Jedoch sind die Fehler (durch die Differenzbildung) so groß, daß auch hier ein konstanter Verlauf von ΔA_K nicht ausgeschlossen werden kann. Zur Klärung dieses Sachverhalts wären weitere Versuche notwendig.

5 VERGLEICH DER KENNGRÖSSE KERBZUGDEHNUNG MIT HERKÖMMLICHEN WERKSTOFFKENNGRÖSSEN UND DEM GRENZFORMÄNDERUNGSSCHAUBILD

5.1 BRUCHDEHNUNG VON FLACHZUGPROBEN

In Bild 31 sind die Kerbzugdehnung und die Bruchdehnung von Flachzugproben für alle untersuchten Werkstoffe über dem Winkel zur Walzrichtung aufgetragen. Zunächst fällt auf, daß die Kerbzugdehnung einen wesentlich kleineren Fehler als die Flachzugdehnung hat. Die Werte der Quer- und Längsproben weichen nicht so stark voneinander ab wie beim Flachzugversuch. Dies läßt den Schluß zu, daß durch die makroskopische Kerbwirkung der Einfluß der Blechoberfläche - wie zum Beispiel Walzriefen der sog. "mill-finish"-Oberfläche bei AlMgSi 1 - vernachlässigbar wird. Auch bei einigen Umformverfahren, beispielsweise beim Tiefziehen, sind die Unterschiede der Längs- und Querrichtung nicht sehr stark ausgeprägt, so daß in diesem Fall die Kerbzugdehnung ein besseres Maß als die Bruchdehnung darstellt.

Die Kerbzugdehnung scheint nicht proportional mit der Bruchdehnung zuzunehmen. Das wird bei X 5 CrNi 18 9 und CuZn 36 deutlich, wo trotz vergleichsweise großer Bruchdehnung die Kerbzugdehnung nur unwesentlich größer als bei St 14 ist (s. auch Bild 32). Die im Verhältnis zur Bruchdehnung geringere Kerbzugdehnung spricht dafür, daß die Kerbzugdehnung als Kenngröße für die Umformeignung gut geeignet ist, da einige Umformverfahren ebenfalls nicht so starke werkstoffabhängige Schwankungen zeigen (vgl. zum Beispiel Grenzziehverhältnis β beim Tiefziehen oder Erichsen-Tiefung).

Die Blechdickenabhängigkeit der Kerbzugdehnung (vgl. Abschn. 4.3.1) ist ausgeprägter als bei der Bruchdehnung von Flachzugproben (Bild 33). Auffallend ist bei der Kerbzugdehnung die Ähnlichkeit des Verlaufs in Abhängigkeit vom Winkel zur Walzrichtung, während die Bruchdehnung zum Teil recht unterschiedliches Verhalten zeigt. Offenbar reagiert die Kerbzugdehnung nicht so empfindlich auf störende Einflüsse. Im Gegensatz zur Bruchdehnung zeigt die Kerbzugdehnung eine Abnahme der Werk-

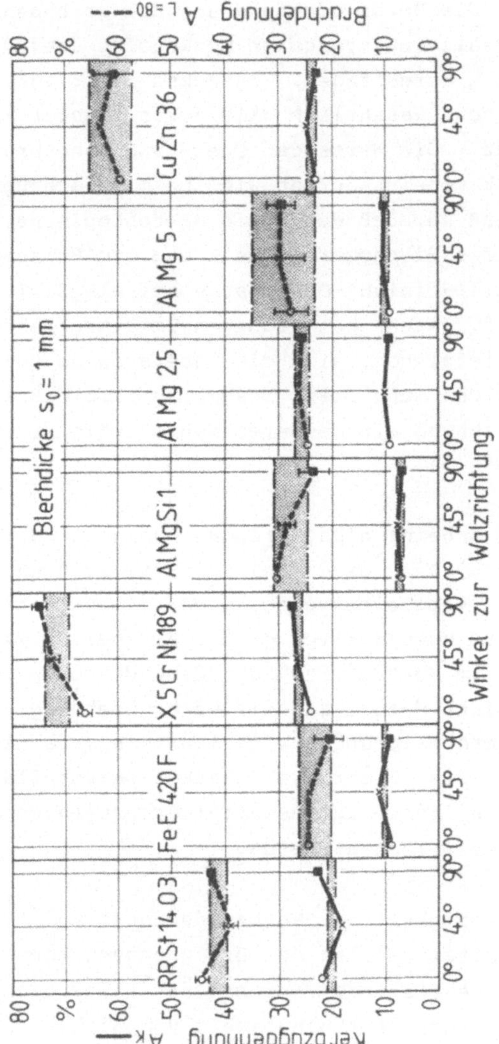

Bild 31: Bruchdehnung gemeinsam mit Kerbzugdehnung in Abhängigkeit von der Probenlage zur Walzrichtung für verschiedene Werkstoffe

stoffanisotropie mit steigender Blechdicke an (vgl. Abschn. 4.3.1).

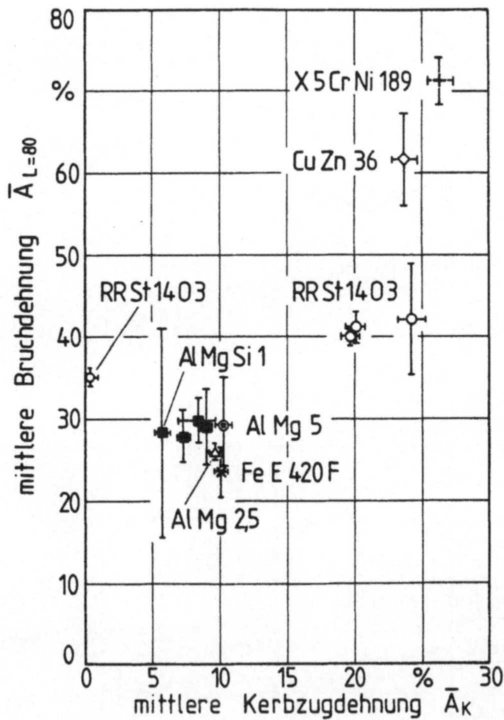

Bild 32: Zusammenhang zwischen mittlerer Kerbzugdehnung und mittlerer Bruchdehnung

5.2 SENKRECHTE ANISOTROPIE R

In Bild 34 ist die aus dem Flachzugversuch ermittelte senkrechte Anisotropie $r = \varphi_b / \varphi_s$, ein anerkanntes Maß für die Tiefziehbarkeit des Werkstoffs, gemeinsam mit der Kerbzugdehnung über dem Winkel zur Walzrichtung aufgetragen. In der Mehrzahl der Fälle zeigen beide Größen einen qualitativ gleichen Verlauf. Diese Ergebnisse stimmen gut mit Werten überein, die von Matsudo et al. [9 bis 11] für aluminiumberuhigte Tief-

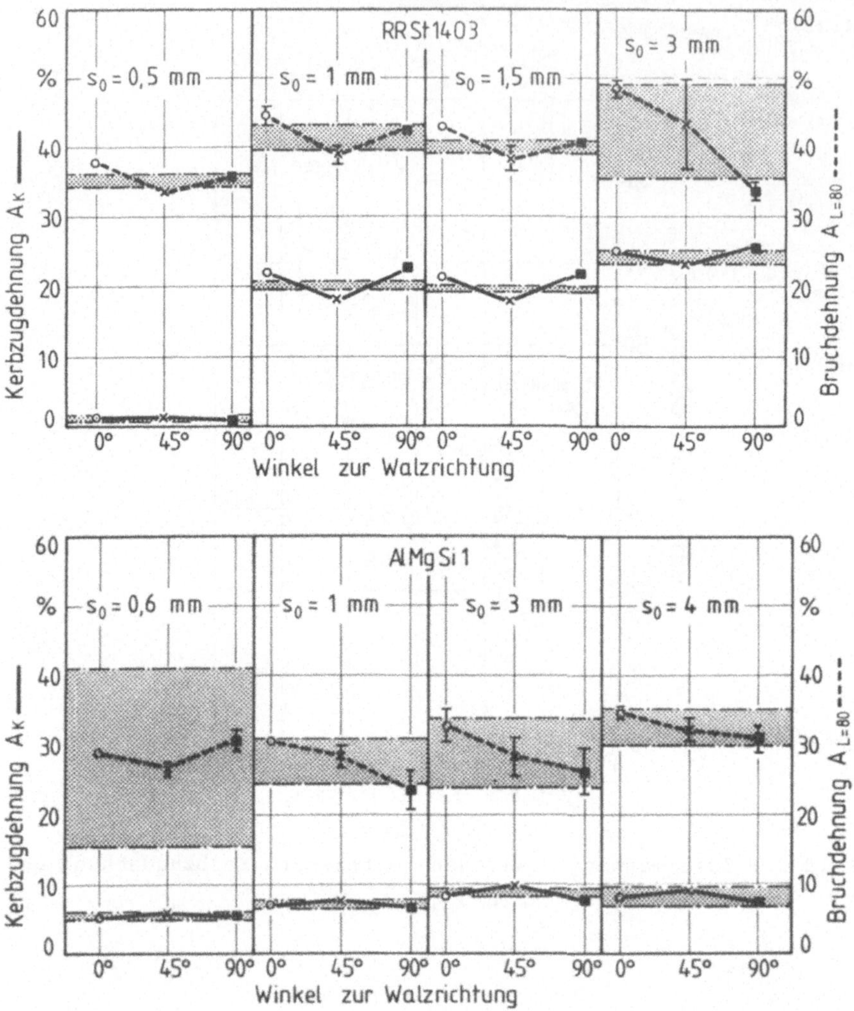

Bild 33: Bruchdehnung gemeinsam mit Kerbzugdehnung in Abhängigkeit von der Probenlage zur Walzrichtung für verschiedene Blechdicken

ziehgüten ermittelt wurden. Andere Ergebnisse dieser Autoren für unberuhigte Stähle stimmen ebenfalls mit Werten in [20] überein, die an Tiefziehblech St 13 03 ermittelt wurden.

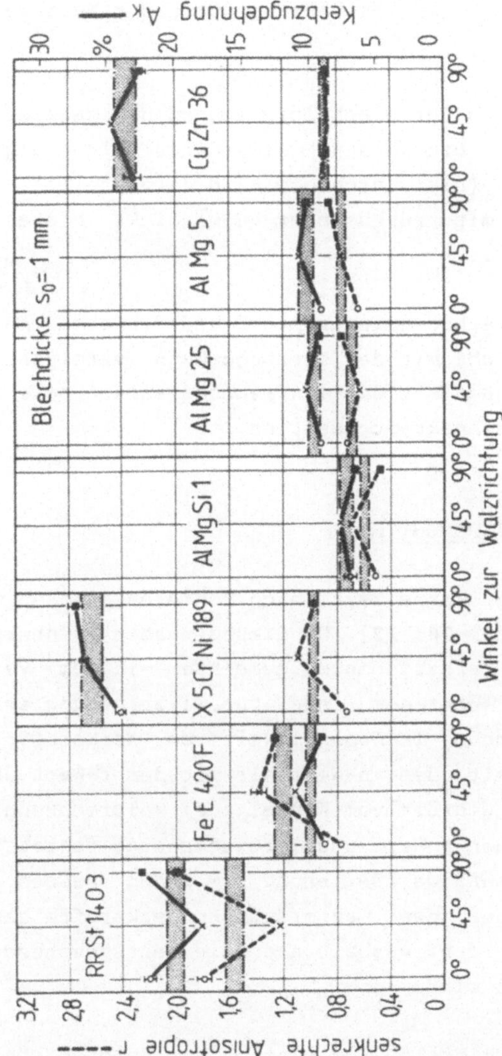

Bild 34: Senkrechte Anisotropie und Kerbzugdehnung in Abhängigkeit von der Probenlage zur Walzrichtung für verschiedene Werkstoffe

Da der r-Wert wie die Bruchdehnung mit Hilfe von Flachzugproben nach DIN 50 114 ermittelt wird, weist die Kerbzugdehnung
gegenüber dem r-Wert die gleichen Vorteile wie gegenüber der
Bruchdehnung auf (vgl. Kap. 2 und Abschn. 5.1). Deshalb sollte
es möglich sein, in einigen Fällen durch die Ermittlung der
Kerbzugdehnung eine grobe Abschätzung für den r-Wert zu erhal-
ten.

In Abhängigkeit von der Blechdicke zeigen die senkrechte Anisotropie und die Kerbzugdehnung allerdings ein entgegenge-
setztes Verhalten (hier nicht im Bild dargestellt). Während
die Kerbzugdehnung mit zunehmender Blechdicke größer wird,
nimmt der r-Wert ab.

Die mittlere senkrechte Anisotropie $\bar{r}$ und die ebene Anisotropie Δr sind hier nicht mit der Kerbzugdehnung verglichen worden, da sie verglichen mit der senkrechten Anisotropie r keine
besonders große Aussagekraft besitzen.

5.3 VERFESTIGUNGSEXPONENT N

Die Kerbzugdehnung korreliert nach mehreren Autoren mit der
Streckzieheignung [3, 10, 12]. Um diese Angaben zu überprüfen,
ist in Bild 35 die Kerbzugdehnung gemeinsam mit dem Verfesti-
gungsexponenten n über dem Winkel zur Walzrichtung aufgetragen. Die Kerbzugdehnung in Abhängigkeit vom Werkstoff stimmt
offenbar besser mit dem n-Wert als mit dem r-Wert überein.
Jedoch ist in Abhängigkeit vom Winkel zur Walzrichtung keine
Korrelation zwischen n-Wert und Kerbzugdehnung festzustellen.
Eine blechdickenabhängige Beziehung zwischen beiden Größen
konnte an Hand der zwei untersuchten Werkstoffe ebenfalls
nicht beobachtet werden, weshalb auf die entsprechende Darstellung verzichtet wird.

Die an Stählen ermittelte Korrelation der Kerbzugdehnung mit
der Streckziehbarkeit konnte hier in bestimmten Grenzen durch
Vergleich mit dem n-Wert auch für andere Werkstoffe bestätigt
werden. Da die Fließkurven von dünnen Blechen in der Regel

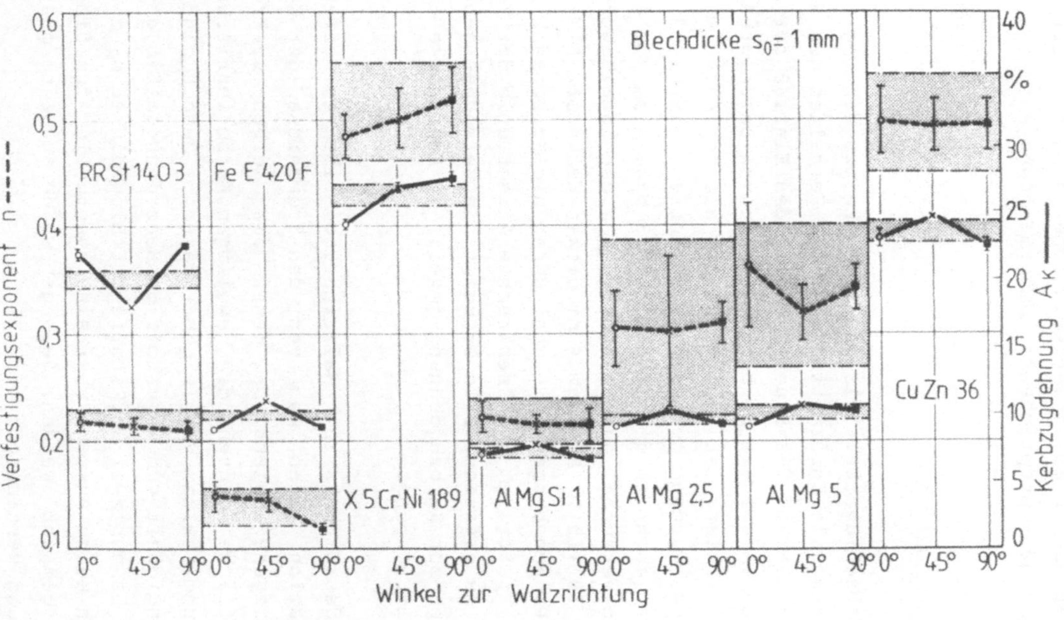

Bild 35: Verfestigungsexponent gemeinsam mit Kerbzugdehnung in
Abhängigkeit von der Probenlage zur Walzrichtung für
verschiedene Blechdicken

mit Hilfe von Flachzugproben nach DIN 50 114 aufgenommen werden, bestehen auch hier die bereits mehrfach erwähnten Vorteile des Kerbzugversuchs gegenüber dem üblichen Zugversuch. Außerdem ist beim Kerbzugversuch keine Kraftmessung erforderlich. Deswegen bietet sich die Kerbzugdehnung in einigen noch zu bestimmenden Fällen als Ersatzkenngröße für den n-Wert bzw. zur Abschätzung der entsprechenden Umformeignung an.

5.4 KERBSCHLAGARBEIT A_V

Sowohl die Kerbschlagarbeit als auch die Kerbzugdehnung enthalten eine integrale Information über das Verhalten des Werkstoffs vor und während des Bruches. Über den Einfluß der Sulfidausbildungsform auf die Kerbschlagarbeit von beruhigten und unberuhigten Stählen ist von Dahl et al. berichtet worden [27]. Deswegen wurden bei den Werkstoffen RRSt 1403 und AlMgSi 1, die auch in den Blechdicken 3 bzw. 4 mm vorlagen, Kerbschlagbiegeversuche durchgeführt (Kerbschlagbiegeproben KLST nach DIN 50 115). Aus dem 4 mm dicken Werkstoff AlMgSi 1 wurden auch Proben hergestellt, bei denen die Kerbe senkrecht zur Blechebene zeigt, um die "senkrechte Anisotropie der Kerbschlagarbeit" zu erfassen. Bild 36 zeigt die Versuchsergebnisse im Vergleich zur Kerbzugdehnung jeweils in Abhängigkeit vom Winkel zur Walzrichtung.

Als Funktion des Winkels zur Walzrichtung gibt es offenbar keine Korrelation, wenn man von den Ergebnissen der Kerbschlagbiegeversuche absieht, bei denen die Kerben senkrecht zur Blechoberfläche zeigten, die jeweiligen Kerborientierungen also nicht unmittelbar vergleichbar waren. Jedoch sind die Werte in Abhängigkeit vom Werkstoff größenordnungsmäßig gut zu vergleichen. Da nur zwei Werkstoffe mit Blechdicken $s_0 > 3$ mm vorlagen, kann keine Aussage über eine eventuelle funktionale Abhängigkeit gemacht werden; deswegen wurde auf eine graphische Darstellung verzichtet.

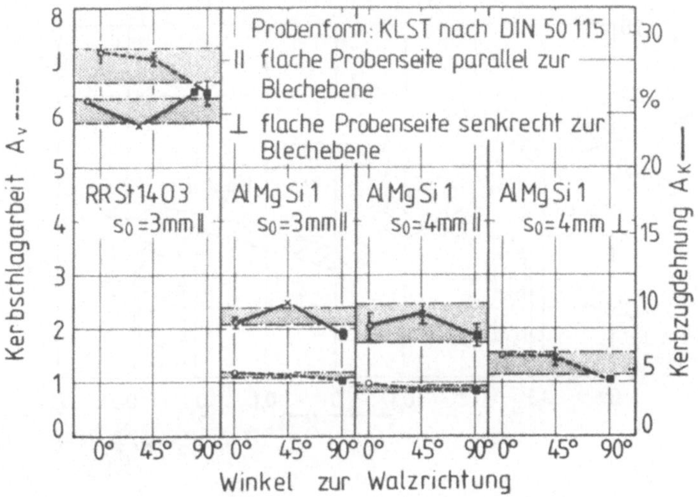

Bild 36: Kerbschlagarbeit in Abhängigkeit von der Probenlage
zur Walzrichtung und von der Probenorientierung (zum
Vergleich mit Kerbzugdehnung)

5.5 GRENZFORMÄNDERUNGSSCHAUBILD

Die Grenzformänderungskurve, die auf Untersuchungen von Keeler
und Goodwin [28, 29] zurückzuführen ist, markiert die Grenze
der Umformbarkeit in der φ_1, φ_2-Ebene, wobei φ_1 und φ_2 die
Hauptumformgrade in der Blechebene sind. Jeder mögliche Formänderungszustand ist durch einen Punkt der φ_1, φ_2-Ebene beschrieben. Wenn die Grenzformänderung erreicht ist, tritt
Werkstoffversagen ein (s. Bild 37).

Es gibt verschiedene Verfahren zur experimentellen Bestimmung
des Schaubildes [30]. Neben dem hydraulischen Tiefungsversuch,
dem Tiefungsversuch mit verschiedenen Stempelformen und dem
Tiefungsversuch mit streifenförmigen Platinen und halbkugel-
förmigen Stempeln kann mit Einschränkungen auch der Kerbzugversuch verwendet werden. Dabei werden Kerbzugproben mit un-
terschiedlichen Kerbformen bis zum Bruch gezogen (s. Bild 38)

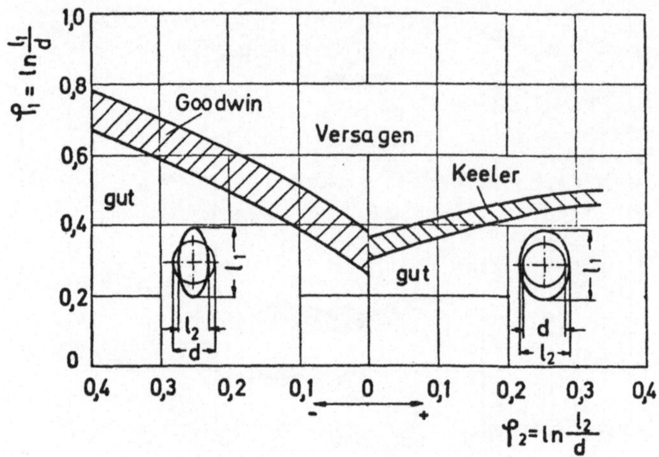

Bild 37: Grenzformänderungsschaubild [30]

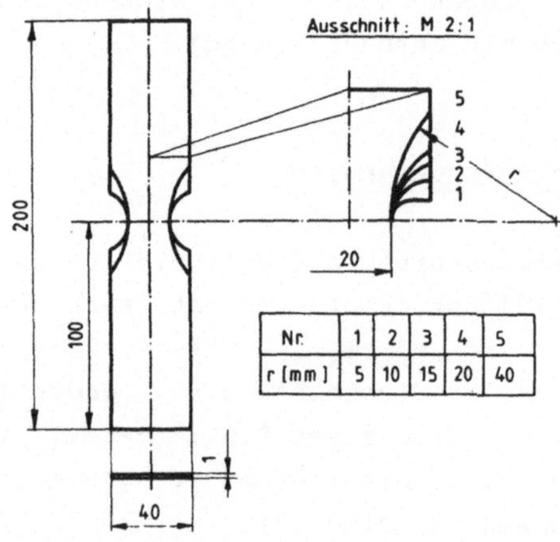

Nr.	1	2	3	4	5
r [mm]	5	10	15	20	40

Bild 38: Kerbzugproben zur Aufnahme von Grenzformänderungs-
         schaubildern [31]

[31, 32]. Der Formänderungszustand ist dabei vom Verhältnis
der Kerbbreite zum Kerbradius abhängig. Allerdings weichen die
Kerbformen so sehr von den hier verwendeten ab, daß kein quantitativer Vergleich der Ergebnisse möglich ist; vielmehr sollen nur die prinzipiellen Möglichkeiten des Kerbzugversuches

aufgezeigt werden. Mit Hilfe des Kerbzugversuchs läßt sich nur der linke Teil des Schaubildes bestimmen (s. Bild 37 und 39), d. h. der Bereich der Hauptumformgrade $\varphi_1 > 0$ und $\varphi_2 < 0$, weil im Zugversuch kein zweiachsiges Streckziehen mit $\varphi_1 = \varphi_2$ simuliert werden kann. Für jede Kerbgeometrie steht das Auftreten eines Risses in Beziehung zu einem Punkt der Grenzformänderungskurve. Beim Kerbzugversuch tritt allerdings, wie auch beim hydraulischen Tiefungsversuch, kein Einfluß von Reibung bzw. Schmierung auf, so daß die Simulation von technisch relevanten Umformbedingungen nicht so gut wie beim üblichen Tiefungsversuch zur Aufnahme von Grenzformänderungskurven sein kann. Bild 39 zeigt Grenzformänderungskurven, die nach verschiedenen Verfahren ermittelt wurden.

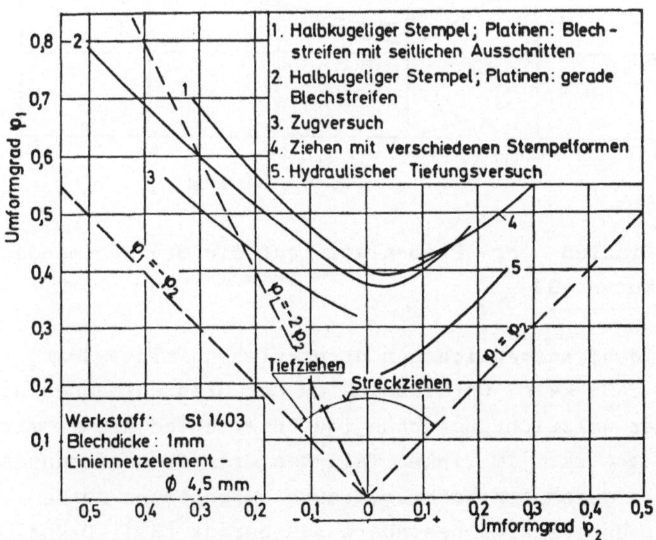

Bild 39: Grenzformänderungsschaubilder, nach verschiedenen Verfahren ermittelt [31]

Ein wesentlicher Vorteil des Kerbzugversuchs muß an dieser Stelle nochmals betont werden. Zu seiner Durchführung wird lediglich eine gewöhnliche Zugprüfmaschine benötigt, während bei den anderen Verfahren zur Aufnahme von Grenzformänderungsschaubildern spezielle Werkzeuge oder sogar eine eigens konstruierte Maschine (hydraulischer Tiefungsversuch) vorhanden sein müssen.

Auch kann mit Hilfe des Kerbzugversuches die Abhängigkeit der
Grenzformänderungskurve von der Probenlage zur Walzrichtung
(Bild 40) besonders einfach gemessen werden. Im Grenzfall des

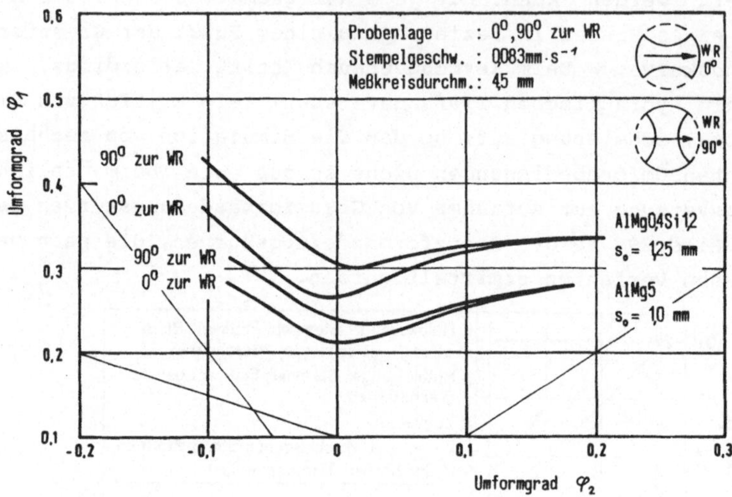

Bild 40: Einfluß der Probenlage auf die Grenzformänderungskurve [33]

(zweiachsigen) ausgeglichenen Streckziehens mit $\varphi_1 = \varphi_2$ ist es
evident, daß kein Unterschied in der Grenzformänderung existiert. Der walzrichtungsabhängige Unterschied nimmt mit ab-
nehmendem φ_2 zu. Im linken Teil des Grenzformänderungsschau-
bildes, der durch den Kerbzugversuch aufgenommen werden kann,
ist dieser Unterschied besonders ausgeprägt [33]. Deshalb bietet sich der Kerbzugversuch vor allem dazu an, die richtungsabhängige Grenzformänderung eines Blechwerkstoffes unter einfachen Versuchsbedingungen abzuschätzen.

6 <u>GEFÜGEUNTERSUCHUNGEN</u>

Wie aus vorangegangenen Untersuchungen bekannt ist, korreliert
die Kerbzugdehnung mit der Menge und dem Streckungsgrad nichtmetallischer Einschlüsse im Werkstoff, die als Mikrokerben an
der Bruchentstehung maßgeblich beteiligt sind. In [7, 9 bis
12] wurde gezeigt, daß dieses richtungsabhängige Werkstoffverhalten Rückschlüsse auf die Textur und auf Teilchen einer
zweiten Phase zuläßt. Um in der vorliegenden Arbeit den Zusammenhang zwischen der Richtungsabhängigkeit der Kerbzugdehnung und der Einformung von Teilchen einer Zweitphase zu erfassen, wurden metallographische Gefügeuntersuchungen durchgeführt.

Es wurden lichtmikroskopische Aufnahmen angefertigt sowie ra-
sterelektronenmikroskopische Untersuchungen an ungeätzten Proben durchgeführt, um nichtmetallische Einschlüsse möglichst
gut darstellen zu können. Dabei bestand die Möglichkeit, mit
Hilfe eines energiedispersiven Elementanalysesystems die chemische Zusammensetzung eines beliebigen Bildausschnittes zu
bestimmen.

Das Schliffbild von RRSt 14 O3 (Bild 41 a) weist ein typisch
ferritisches Gefüge auf. Die Körner sind leicht gestreckt.
An den meisten Ferritkorngrenzen hat sich der ausgeschiedene
Kohlenstoff in Form von (Tertiär-)Zementit abgelagert. Außerdem sind einige Perlitinseln zu erkennen.

In ungeätztem Zustand waren nur sehr wenige und sehr kleine
Verunreinigungen zu erkennen, von denen die meisten keine
Streckung aufwiesen. In zweieinhalbfacher Vergrößerung gegenüber Bild 41 a zeigt Bild 41 b einige dieser Einschlüsse, wobei der Ausschnitt nicht repräsentativ für den gesamten Werkstoff ist, sondern eine Anhäufung von Schlacken darstellt.

Sehr wenige (wahrscheinlich silikathaltige) Einschlüsse waren
durch den Walzvorgang bei der Blechherstellung zertrümmert
worden (Bild 41 c, gegenüber Bild 41 a 10fache Vergrößerung),
während viele leicht gestreckt vorlagen (im allgemeinen wahr-

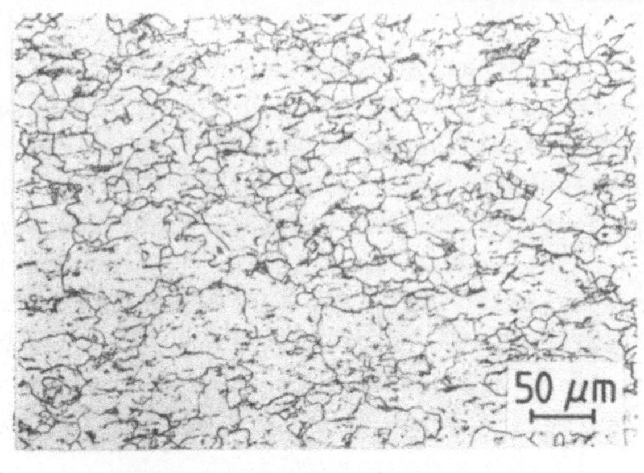

Bild 41 a: Gefüge von RRSt 14 03, geätzt mit 3 % HNO_3

scheinlich Sulfide). Bild 41 d zeigt exemplarisch einen derartigen Einschluß, wobei die vorgelagerten Tochterausscheidungen auf die Anwesenheit von Aluminium hindeuten. Eine Analyse des Einschlusses ergab ca. 33 Gew.-% Al, 8 % Mn, 7 % S und 1 % Mg.

Der Werkstoff FeE 420 F weist ebenso wie St 14 ein ferritisches Gefüge auf, jedoch mit einem deutlich feineren Korn (Bild 42 a). Die Kornfeinung ist auf das Mikrolegierungselement Titan zurückzuführen, das mit einem Anteil von 0,13 Gew.-% vorliegt. Es liegt ebenfalls nur eine geringe Kornstreckung vor. Es wurden nur unverformte Einschlüsse beobachtet, die sehr gleichmäßig verteilt waren (Bild 42 b, z. T. auch in Bild 42 a erkennbar). Da die Masse dieser Ausscheidungen im Lichtmikroskop eine gelbliche Farbe zeigte und Titan eine hohe Affinität zu Stickstoff besitzt, handelt es sich offenbar um TiN-haltige Einschlüsse. Außerdem kann Schwefel in Form von Carbosulfiden des Typs $Ti_4C_2S_2$ abgebunden werden [34]. Durch Kornfeinungs- und Ausscheidungshärtung hat mikrolegierter Stahl eine hohe Festigkeit. Die durch Zulegieren von Titan hervorgerufene weitgehende Stickstoffabbindung führt zu einer guten Alterungsbeständigkeit. Bild 42 c zeigt einen typischen Einschluß. Wie die meisten Einschlüsse (vgl.

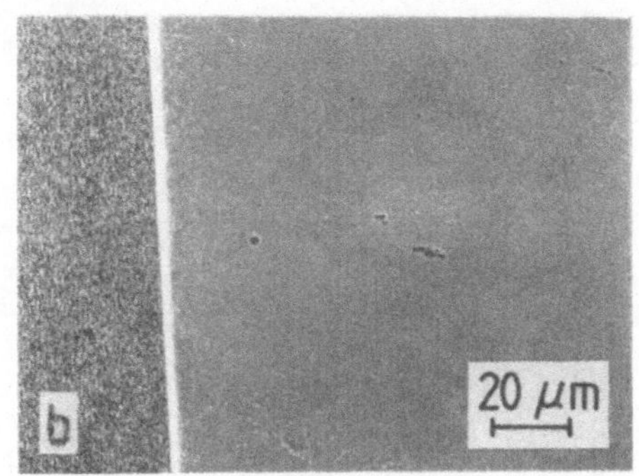

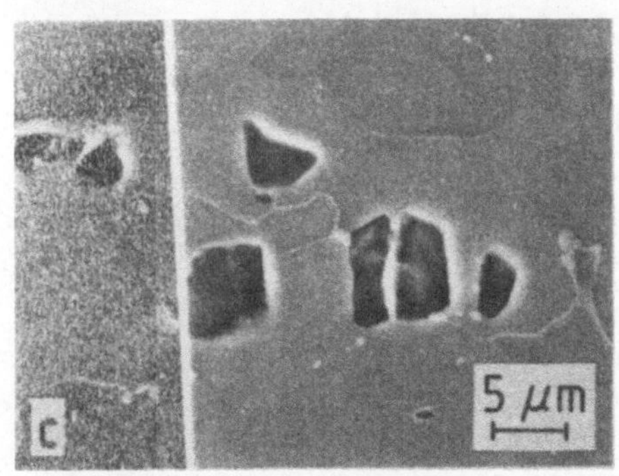

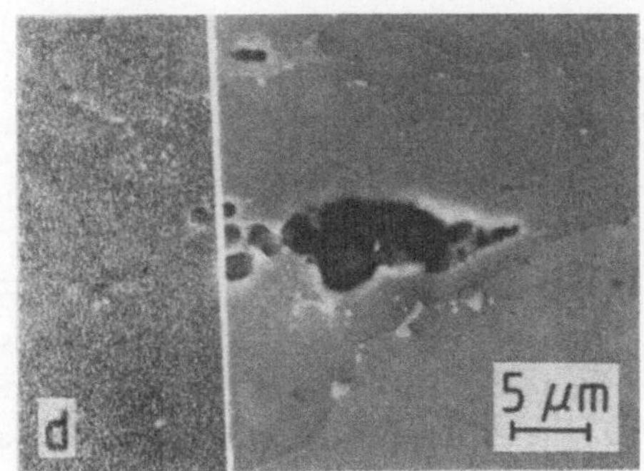

Bild 41 b-d: Einschlüsse in RRSt 14 O3, ungeätzt, REM-Aufnahme

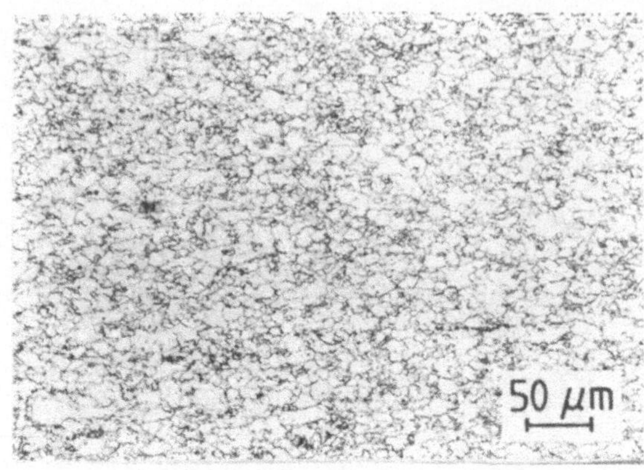

Bild 42 a: Gefüge von FeE 420 F, geätzt mit 3 % HNO_3

Bild 42 b) hat er ein zerklüftetes Aussehen, ist praktisch unverformt und beim Walzen teilweise zertrümmert, d. h. er besitzt eine große Härte. Die Analyse ergab, daß die Ausscheidung zu 2/3 aus Ti besteht; Al, S und Mn konnten ebenfalls nachgewiesen werden. Da die Elementanalyse mit einem energiedispersiven Röntgenspektrometer durchgeführt wurde, konnten Elemente mit Ordnungszahlen kleiner Z = 11 nicht nachgewiesen werden. Deshalb war es nicht möglich, die leichten Elemente C, N und O nachzuweisen. Am Rand des Einschlusses war die Schwefelkonzentration größer als in der Mitte. An der Bruchstelle konnte kein erhöhter Schwefelanteil festgestellt werden.

X 5 CrNi 18 9 zeigt homogenes austenitisches Gefüge (Bild 43 a) mit überwiegend kohärenten Zwillingsgrenzen. Es ist keine Orientierung des Gefüges erkennbar. Neben einigen Poren sind nur äußerst wenig Einschlüsse beobachtet worden. Bild 43 b zeigt einen Ausschnitt mit verhältnismäßig vielen Einschlüssen und einigen Poren im oberen Teil des Bildes. Die Ausscheidungen sind überwiegend rund, d. h. unverformt. Mit Wohlwollen läßt sich eine Zeiligkeit in ihrer Anordnung erken-

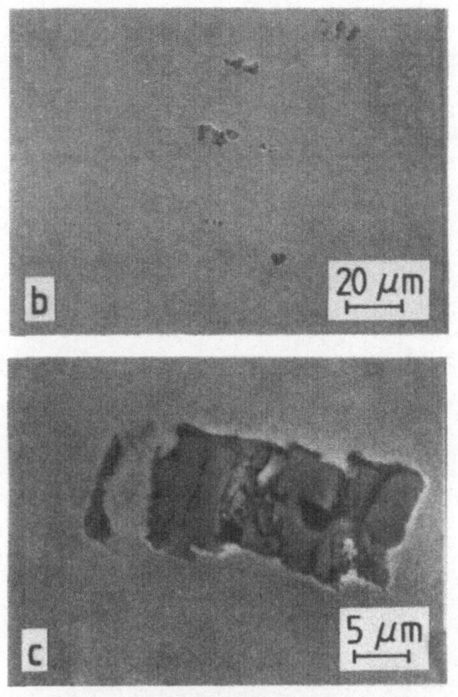

Walzrichtung ⟶

Bild 42 b-c: Einschlüsse in FeE 420 F, ungeätzt, REM-Aufnahme

nen.   Es   konnte Ti (3,8 Gew.-%), Zr (2,1 %), Mn (1,6 %), Al (0,7 %) und Si (0,3 %) nachgewiesen werden.

Das Gefüge der drei untersuchten Aluminiumwerkstoffe ist relativ ähnlich. Bild 44 a zeigt das Schliffbild von AlMgSi 1. Mit steigendem Magnesiumgehalt wird das Gefüge feinkörniger.   Anhand der Kornausbildung ist keine Orientierung zu erkennen. Lediglich aufgrund des Ätzangriffs wird eine Zeiligkeit sichtbar. Jedoch ist diese Erscheinung offenbar nicht unbedingt auf Einschlüsse zurückzuführen, denn die REM-Aufnahmen von ungeätzten Schliffen zeigen keine besondere Orientierung (s. Bild 44 b für AlMgSi 1).   Die Analyse eines Einschlusses ergab einen Anteil von 11 % Mn, 6 % Fe, 4 % Si und 1 % Mg.   Mit steigendem Magnesiumgehalt der Legierungen nahm die Dichte der

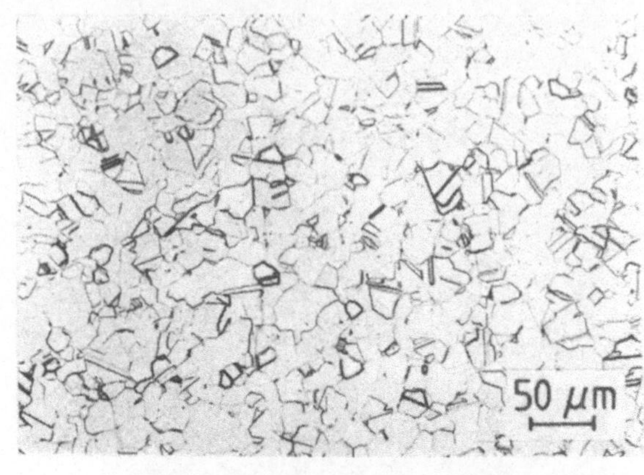

Bild 43 a: Gefüge von X 5 CrNi 18 9, geätzt mit V_2A-Beize

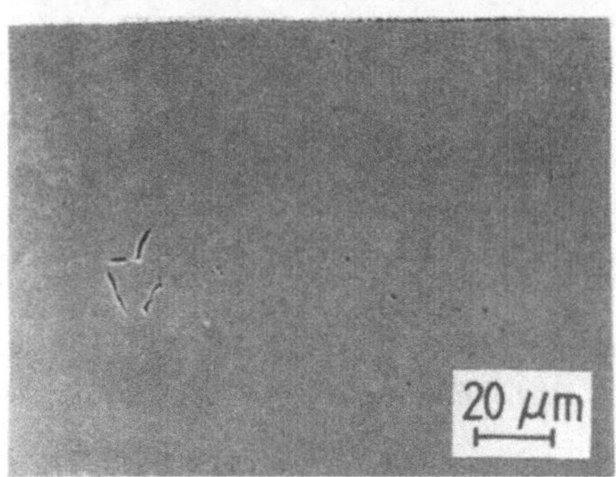

Bild 43 b: Einschlüsse und Poren in X 5 CrNi 18 9, ungeätzt,
REM-Aufnahme

Ausscheidungen ab, während die mittlere Größe der einzelnen
Einschlüsse leicht zunahm. Bei jedem Aluminiumwerkstoff waren
die in den REM-Aufnahmen weißen Einschlüsse eisen- und zum
Teil auch siliziumhaltig.

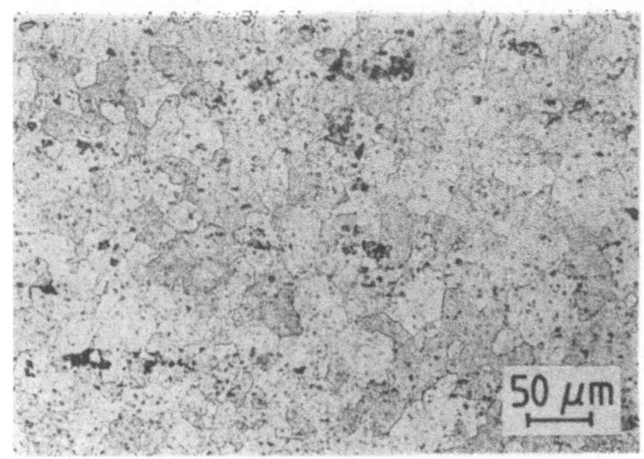

Bild 44 a: Gefüge von AlMgSi 1, geätzt mit NaOH und HNO_3

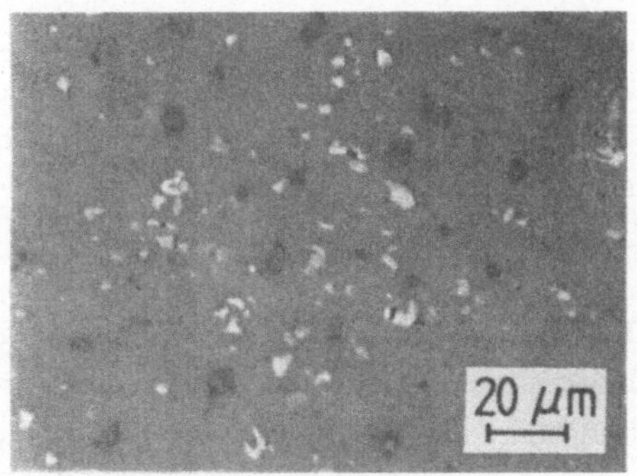

Bild 44 b: Einschlüsse in AlMgSi 1, ungeätzt, REM-Aufnahme

Bild 45 zeigt das aus α-Mischkristallen bestehende Gefüge von CuZn 36, dessen Körner überwiegend Polygongestalt aufweisen und teilweise von Zwillingslamellen durchzogen sind. Eine Vorzugsorientierung relativ zur Walzrichtung ist auch hier nicht erkennbar. Die ungeätzte Oberfläche glich bei Betrachtung im REM annähernd derjenigen von X 5 CrNi 18 9 (vgl. Bild 43 b).

Walzrichtung ⟶

Bild 45: Gefüge von CuZn 36, geätzt mit $(NH_4)_2[CuCl_4] \cdot 2H_2O$
(Kupferammoniumchlorid) und NH_3

Neben einigen länglichen Poren waren noch deutlich weniger und
kleinere unverformte runde Einschlüsse als beim Stahl zu beob-
achten, wobei nicht sicher festzustellen war, ob es sich um
schwefelhaltige Einschlüsse oder um Poren mit Schwefelnieder-
schlag auf der Oberfläche handelte.

Es war eigentlich beabsichtigt, einen Zusammenhang zwischen
der Kerbzugdehnung und der Anzahl sowie der Einformung von
nichtmetallischen Einschlüssen aufzuzeigen. Da die untersuchten Legierungen nur einen äußerst geringen Bestandteil an Ausscheidungen aufwiesen, deren Formen auch nicht in einem vernünftigen System zahlenmäßig zu erfassen gewesen wäre, mußte
auf einen Vergleich mit den Ergebnissen des Kerbzugversuchs
verzichtet werden.

7 KERBZUGDEHNUNG UND UMFORMEIGNUNG

In der Literatur ist mehrfach die Aussagefähigkeit der Kerbzugdehnung über die Umformbarkeit eines Blechwerkstoffs - zum
Teil bezogen auf spezielle Umformverfahren - hervorgehoben
worden (vgl. Abschn. 2.2 und 2.5).   Besonders häufig wurde
über eine Korrelation mit der Biegeeignung berichtet.

Da beim Biegen die Anisotropie des Werkstoffs besonders deutlich wird, wurden auch hier exemplarisch Biegeversuche durchgeführt.   Es wurde zunächst die Eignung der Werkstoffe zum
180°-Biegen untersucht. Dazu wurde im halboffenen 90°-V-Ge-
senk mit Stempelradien r_i von 1, 2 und 5 mm vorgebogen und
ohne Behinderung auf 180° fertiggebogen (zwischen ebenen
planparallelen Stauchbahnen).   Die Probengröße betrug
40 mm x 58 mm. Die Ergebnisse zeigten aber keine hinreichende
Differenzierung, um eine Beziehung zwischen Biegeeignung und
Kerbzugdehnung aufstellen zu können.

Bis auf wenige Ausnahmen (St 14, s_o = 0,5 mm, Biegeachse parallel zur Walzrichtung; AlMgSi 1, s_o = 4 mm, r_i = 1 mm und
r_i = 2 mm (bzw. Biegefaktor r_i/s_o = 0,25 und 0,5)) konnten
alle Werkstoffe ohne Probleme vorgebogen werden. Allerdings
war in einigen Fällen, besonders wenn die Biegeachse parallel
zur Walzrichtung lag, die Blechoberfläche nach dem Biegen
leicht aufgerauht.

Beim scharfkantigen 180°-Fertigbiegen ohne Behinderung ergab
sich folgendes Bild: Die untersuchten Stahlwerkstoffe ließen
sich im allgemeinen unproblematisch biegen. Die Biegeproben
aus austenitischem Stahl zeigten in der Umformzone eine geringe Aufrauhung der Oberfläche.   Lediglich das 0,5 mm dicke
Blech, das ohnehin stark verfestigt war, zeigte eine deutliche
Aufrauhung und die Proben dieser Blechdicke, bei denen die
Biegeachse in Walzrichtung lag, konnten nach dem Fertigbiegen
von Hand auseinandergebrochen werden. Die Proben aus AlMgSi 1
wiesen in jedem Fall nach dem Fertigbiegen Risse auf.   Alle
übrigen Werkstoffe (AlMg 2,5, AlMg 5 und CuZn 36) zeigten nur
eine Aufrauhung der Oberfläche in der Biegezone.

Diese Ergebnisse stimmen mit Angaben von Schaub überein, wonach Blechwerkstoffe dann gut um 180° gebogen werden können, wenn ihre Brucheinschnürung $\geqslant$ 50 % ist. Die untersuchten Werkstoffe, die sich um scharfkantig um 180° biegen ließen, wiesen eine Kerbzugdehnung $\geqslant$ 9 % auf. Diese Abhängigkeit müßte aber durch weitere Versuche mit einer größeren Werkstoff- sowie Blechdickenvariation bestätigt werden. Ein quantitativer Zusammenhang zwischen Kerbzugdehnung und erreichbarem Biegeradius konnte nicht ermittelt werden, da sich bis auf AlMgSi 1 alle Werkstoffe scharfkantig um 180° biegen ließen.

Weil die Ergebnisse des 180°-Biegens mehr qualitativer Natur sind und ein Vergleich mit der Kerbzugdehnung deshalb nicht unmittelbar möglich ist, wurde als Kennwert das Rückfederungsverhältnis K der untersuchten Werkstoffe ermittelt. Hierzu wurden Biegeproben im halboffenen 90°-V-Gesenk mit einem Stempelradius r_i = 15 mm gebogen. Anschließend wurde auf einem Profilprojektor der Rückfederungswinkel

$$\rho = \alpha - \alpha_R \tag{6a}$$

mit α : Biegewinkel
$\quad\alpha_R$: Biegewinkel nach Entlastung (rückgefedert)

gemessen und damit das Rückfederungsverhältnis

$$K = \frac{\alpha_R}{\alpha} \tag{6b}$$

bestimmt.

Bild 46 zeigt das ermittelte Rückfederungsverhältnis für jeden untersuchten Werkstoff (Blechdicke s_o = 1 mm) gemeinsam mit der Kerbzugdehnung als Funktion des Winkels zur Walzrichtung. Dabei muß berücksichtigt werden, daß der Winkel α zwischen Biegeachse und Walzrichtung bezüglich der Werkstoffbeanspruchung dem Winkel $(\pi/2 - \alpha)$ zwischen Dehnungsrichtung und Walz-

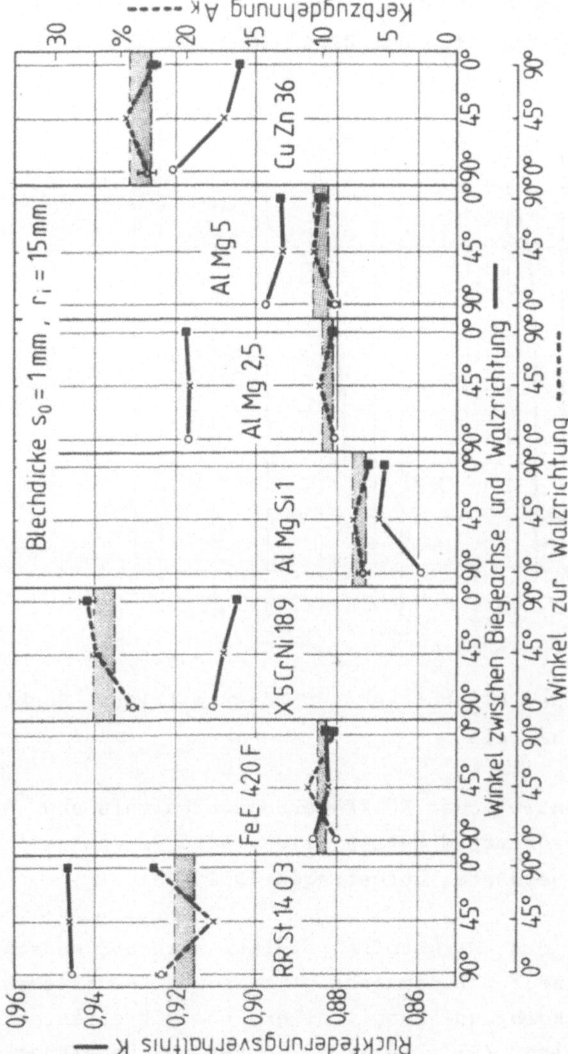

Bild 46: Rückfederungsverhältnis und Kerbzugdehnung in Abhängigkeit von der Probenlage zur Walzrichtung für verschiedene Werkstoffe

richtung beim Kerbzugversuch entspricht. Vorausgesetzt, daß
die verschiedenen Kennwerte werkstoffabhängig gewisse Streuungen aufweisen können, zeigen beide Größen ein ähnliches Verhalten (siehe auch Bild 48).

Das mittlere Rückfederungsverhältnis $\bar{K}$ nimmt mit steigender
Blechdicke zu (Bild 47) und zeigt den gleichen Verlauf wie die
Kerbzugdehnung als Funktion der Blechdicke (vgl. Bild 26).

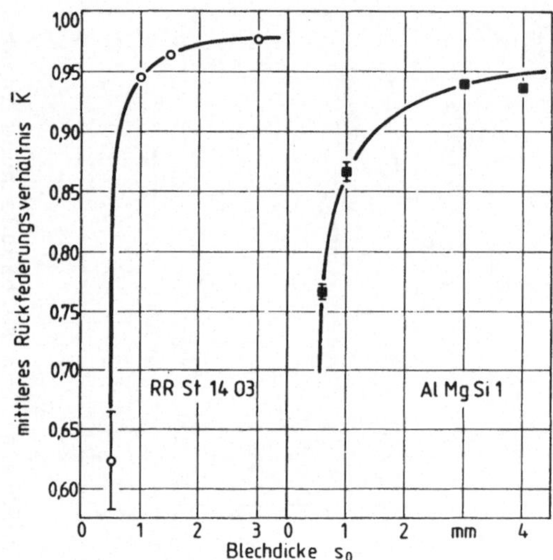

Bild 47: Einfluß der Blechdicke auf das mittlere Rückfederungsverhältnis

Um die Beziehungen zwischen Rückfederungsverhältnis und Kerbzugdehnung zusammenhängend darzustellen, sind im nächsten Bild
beide Größen gegeneinander aufgetragen (Bild 48).

Durch Variation des Werkstoffs ergibt sich bei konstanter
Blechdicke ein linearer Zusammenhang zwischen Rückfederungsverhältnis und Kerbzugdehnung, allerdings mit einem relativ
breiten Streubereich (Bild 48 a). Unter Beibehaltung des
Werkstoffs erhält man durch Variation der Blechdicke ebenfalls
eine lineare Abhängigkeit (Bild 48 b).

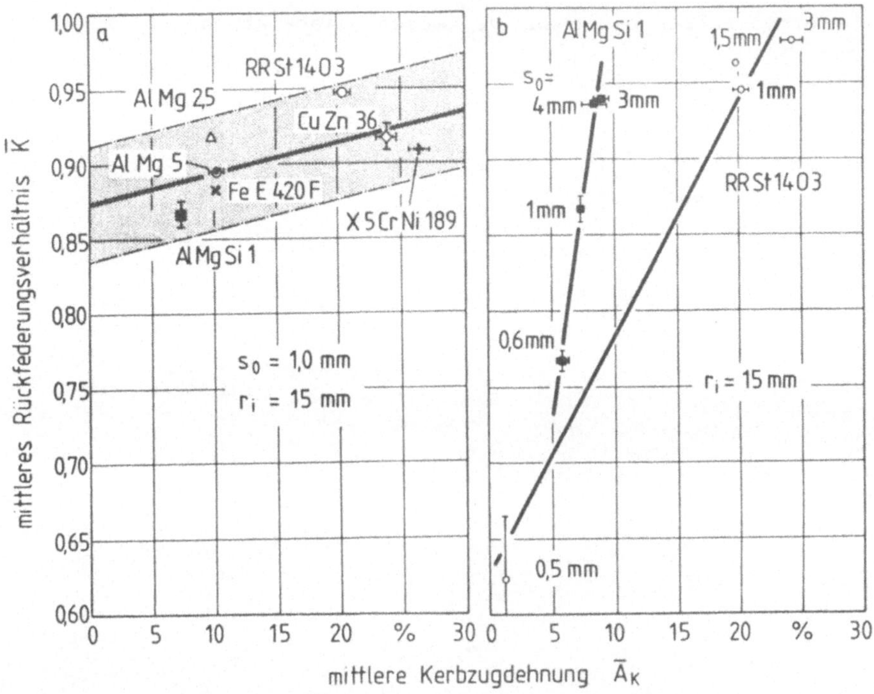

mittleres Rückfederungsverhältnis $\bar{K}$

mittlere Kerbzugdehnung $\bar{A}_K$

Bild 48: Zusammenhang zwischen mittlerer Kerbzugdehnung und mittlerem Rückfederungsverhältnis

Da bei der vorliegenden Arbeit die Optimierung der Kerbform im Vordergrund stand, wurden keine weiteren Umformversuche durchgeführt. Die Ergebnisse der durchgeführten Biegeversuche sollten nur an einem einfachen Beispiel aufzeigen, daß der Kerbzugversuch als ein einfach durchzuführender Versuch zur Beurteilung der Umformeignung des Blechwerkstoffs bzw. auch der Maßhaltigkeit des Werkstücks (s. Rückfederung) herangezogen werden kann.

Inwieweit die Versuchsergebnisse als Maß für die Umformbarkeit eines Werkstoffs bei anderen Verfahren bzw. für die Umformbarkeit generell geeignet sind, kann zur Zeit nicht eindeutig ausgesagt werden. An dieser Stelle sei noch einmal auf Litera-

turangaben, die sich zum Teil auf spezielle Werkstoffe oder
Umformverfahren beziehen, verwiesen (siehe Abschn. 2.1).

8 <u>SCHLUSSBEMERKUNGEN</u>

Das Ziel der vorliegenden Arbeit war es, die Voraussetzungen
zu erarbeiten, um die Kerbzugdehnung oder Kerbbruchdehnung als
Maß für das richtungsabhängige Umformvermögen beliebiger
Blechwerkstoffe anwenden zu können. Bisher lagen nur Literaturangaben über einige Stähle vor. Eine vorrangige Aufgabe
bestand in der Optimierung der Kerbform, wozu Kerbzugversuche
an Proben mit unterschiedlicher Kerbgeometrie aus verschiedenen Stählen, Aluminiumwerkstoffen und Messing durchgeführt
wurden. Die optimale Kerbgeometrie wurde im Hinblick auf die
Empfindlichkeit bestimmt, mit der eine Richtungsabhängigkeit
der Kerbzugdehnung bei minimalem Fehler nachgewiesen wurde.
Als werkstoffunabhängige optimale Kerbform wurde die Rundkerbe
mit 1 mm Kerbradius und 1,5 mm Kerbtiefe ermittelt. Zwischen
der Kerbzugdehnung von Proben der optimierten Kerbform und
jener von bisher meist üblichen Proben mit 2 mm tiefen ISO-V-
Kerben wurde ein proportionaler Zusammenhang festgestellt:

$$A_K(U1) = 1,362 \; A_K(V) \tag{5}$$

> mit U1: Rundkerbe, $\rho = 1,0$ mm, t = 1,5 mm
>
> V: ISO-Spitzkerbe, $\rho = 0,25$ mm, t = 2,0 mm

Die Eigenschaften der Kerbzugdehnung wurden diskutiert und die
Kerbzugdehnung mit anderen Werkstoffkenngrößen verglichen. Der
Kerbzugversuch übertrifft an Einfachheit die Ermittlung aller
üblichen Kenngrößen. Mit Hilfe des Kerbzugversuches ist es
möglich, den linken Teil der Grenzformänderungskurve zu ermitteln, wobei die Richtungsabhängigkeit der Grenzformänderung
erfaßt werden kann. Dazu wird lediglich eine gewöhnliche Zugprüfmaschine benötigt, während bei anderen Verfahren spezielle
Werkzeuge erforderlich sind.

Anhand von Gefügeuntersuchungen konnten nur qualitative Aussa-
gen gemacht werden, weil die untersuchten technischen Legierungen so optimiert sind, daß keine quantifizierbare Beziehung

wie etwa zwischen Kerbzugdehnung und Einschlußform möglich
war.

Am Beispiel des Biegens konnte die Aussagefähigkeit des Kerbzugversuches über die Umformbarkeit von Stählen und Nichtei-
senwerkstoffen bestätigt werden. Die vorliegenden Ergebnisse
stützen die Literaturangaben über die Brauchbarkeit des Kerbzugversuchs zur Beurteilung der Umformeignung eines Werkstoffs.

Anhang

Tabelle A1: Chemische Zusammensetzung der Versuchswerkstoffe

Alle Angaben in Masse-%

Werk-stoff	Blechdicke s_0/mm	C	Si	Mn	P	S	Al	Cr	Ni	Cu	Fe
RRSt 1403	0,5	<0,01	0,60	0,19	0,019	0,015	0,17	0,02	0,02	0,02	Rest
	1,0	0,05	0,02	0,24	0,019	0,020	0,06	0,04	0,03	0,07	"
	1,5	0,04	0,02	0,17	0,017	0,017	0,03	0,05	0,04	0,07	"
	3,0	0,04	0,02	0,25	0,013	0,019	0,07	0,03	0,02	0,05	"
FeE 420 F	1,0	0,08	0,40	0,97	0,028	0,017	0,10	0,03	0,02	0,02	"
X5CrNi 189	1,0	0,042	0,45	1,43	<0,023	<0,003	0,003	17,70	0,25	0,09	"

Zusätzlich bei: FeE 420 F : 0,07 Gew.-% Nb, 0,13 Gew.-% Ti
X5 CrNi 18 9: 0,28 Gew.-% Mo, 0,0026 Gew.-% B, 0,20 Gew.-% Co, 0,033 Gew.-% N

		Si	Fe	Cu	Mn	Mg	Cr	Zn	Ti	andere Beimengungen einfach	zusammen	Al
AlMgSi 1	0,6	1,06	0,37	0,03	0,82	0,72	0,01	0,04	0,03	0,05	0,15	Rest
	1,0	0,94	0,29	0,04	0,74	0,73	0,01	0,02	0,02	"	"	"
	3,0	0,99	0,36	0,03	0,68	0,70	0,01	0,02	0,02	"	"	"
	4,0	1,03	0,54	0,08	0,59	0,66	0,02	0,06	0,02	"	"	"
AlMg 2,5	1,0	0,13	0,25	0,024	0,09	2,77	0,201			"	"	"
AlMg 5	1,0	0,08	0,29	0,01	0,34	4,50		0,01	0,009	"	"	"

		Cu	Pb	Fe	Sn	Ni	P	Zn			
CuZn 36	1,0	64,41	0,01	0,003	0,01	0,01	0,001	35,56			

Tabelle A2: Mechanische Kennwerte der Versuchswerkstoffe

Werk-stoff	Blech-dicke	Winkel z. Walzrichtung	Bruchdehnung		Zugfestigkeit		Brucheinschnürung		Senkrechte Anisotropie	
	s_o mm		$A_{L=80}$ %	$\pm \Delta A_{L=80}$ %	R_m N/mm²	$\pm \Delta R_m$ N/mm²	Z %	$\pm \Delta Z$ %	r	$\pm \Delta r$
RRSt 1403	0,5	0°	37,7	0,4						
		45°	33,6	0,6						
		90°	35,7	0,6						
	1,0	0°	44,4	1,3	339	1			1,796	0,049
		45°	39,0	1,3	352	1			1,223	0,024
		90°	42,5	0,1	336	1			2,008	0,050
	1,5	0°	42,8	0,1	340	3			1,540	0,014
		45°	38,1	0,6	348	<1			1,117	0,006
		90°	40,1	0,6	334	1			1,766	0,014
	3,0	0°	48,4	1,1	328	3	76,1	2,0	0,977	0,017
		45°	43,3	6,5	329	7	74,1	1,8	0,884	0,029
		90°	33,7	1,1	318	3	74,8	5,5	1,328	0,032
FeE 420 F	1,0	0°	24,4	0,1	561	4			0,771	0,030
		45°	24,3	0,8	539	7			1,395	0,052
		90°	20,6	2,8	559	2			1,269	0,021
X5CrNi 189	1,0	0°	66,2	1,3	689	8	71,7	1,8	0,728	0,009
		45°	72,3	1,3	666	5	70,1	1,5	1,099	0,015
		90°	74,7	1,2	689	2	70,1	0,6	0,970	0,023
AlMgSi 1	0,6	0°	29,0	12,5	316	4			0,627	0,050
		45°	26,7	0,9	308	1			0,651	0,018
		90°	30,7	1,4	305	1			0,575	0,014
	1,0	0°	30,5	0,5	305	6			0,511	0,006
		45°	28,5	1,5	289	4			0,696	0,015
		90°	23,6	2,7	302	14			0,482	0,030

Tabelle A2: Mechanische Kennwerte der Versuchswerkstoffe - 2 -

Werk-stoff	Blech-dicke s_o mm	Winkel z. Walzrichtung	Bruchdehnung		Zugfestigkeit		Brucheinschnürung		Senkrechte Anisotropie	
			$A_{L=80}$ %	$\pm \Delta A_{L=80}$ %	R_m N/mm²	$\pm \Delta R_m$ N/mm²	Z %	$\pm \Delta Z$ %	r	$\pm \Delta r$
AlMgSi 1	3,0	0°	32,7	2,3	273	1	44,5	1,6	0,447	0,012
		45°	28,4	2,7	265	1	46,9	2,3	0,677	0,061
		90°	26,2	3,4	279	6	41,6	1,0	0,486	0,039
	4,0	0°	34,7	0,8	297	<1	41,5	0,8	0,485	0,007
		45°	32,2	1,6	290	2	44,1	1,1	0,633	0,037
		90°	31,0	1,9	296	1	40,1	0,3	0,518	0,003
AlMg 2,5	1,0	0°	24,6	0,5	229	15			0,723	0,035
		45°	26,2	0,7	222	1			0,629	0,008
		90°	25,5	0,8	227	2			0,774	0,001
AlMg 5	1,0	0°	27,5	2,9	297	2			0,643	0,008
		45°	29,9	4,5	285	3			0,774	0,003
		90°	29,6	2,6	285	3			0,859	0,026
CuZn 36	1,0	0°	59,4	0,8	343	2			0,915	0,019
		45°	63,2	0,7	338	2			0,872	0,007
		90°	61,0	3,8	342	2			0,891	0,014

Tabelle A3: Analytische Darstellung der Fließkurven aus dem Stufenzugversuch
Approximation der Fließkurven $k_f = C\varphi^n$

Werkstoff	Blechdicke s_0 mm	Winkel z. Walzrichtung	C N/mm²	Verfestigungsexponent n	± Δn
RRSt 1403	1,0	0°	589	0,218	0,008
		45°	611	0,215	0,008
		90°	580	0,210	0,009
	1,5	0°	573	0,204	0,009
		45°	580	0,203	0,006
		90°	562	0,205	0,007
	3,0	0°	567	0,227	0,007
		45°	568	0,226	0,026
		90°	533	0,206	0,023
FeE 420 F	1,0	0°	857	0,148	0,014
		45°	831	0,145	0,010
		90°	823	0,118	0,005
X5CrNi 189	1,0	0°	1565	0,484	0,021
		45°	1571	0,513	0,028
		90°	1610	0,519	0,031

Werkstoff	Blechdicke s_0	Winkel z. Walzrichtung	C N/mm²	Verfestigungsexponent n	± Δn
AlMgSi 1	0,6	0°	573	0,242	0,013
		45°	548	0,222	0,019
		90°	558	0,239	0,010
	1,0	0°	544	0,224	0,015
		45°	502	0,216	0,009
		90°	526	0,216	0,016
	3,0	0°	462	0,203	0,004
		45°	458	0,204	0,008
		90°	489	0,203	0,008
	4,0	0°	519	0,214	0,008
		45°	507	0,211	0,005
		90°	512	0,216	0,009
AlMg 2.5	1,0	0°	467	0,306	0,035
		45°	443	0,305	0,070
		90°	450	0,311	0,019
AlMg 5	1,0	0°	644	0,364	0,058
		45°	568	0,320	0,025
		90°	586	0,343	0,021
CuZn 36	1,0	0°	787	0,499	0,031
		45°	772	0,495	0,025
		90°	784	0,496	0,025

Tabelle A4: Kerbzugdehnung der Versuchswerkstoffe

U-Kerbe, $\rho = 1$ mm, $t_{opt} = 1,5$ mm

Werk-stoff	Blech-dicke s_0 mm	Kerbzugdehnung					
		$A_{K_\%}(0)$	$\pm \Delta A_K(0)$ $_\%$	$A_K(45)$ $_\%$	$\pm \Delta A_K(45)$ $_\%$	$A_K(90)$ $_\%$	$\pm \Delta A_K(90)$ $_\%$
RRSt 1403	0,5	1,26	0,06	1,32	0,32	0,69	0,09
	1,0	21,91	0,42	18,00	0,18	22,56	0,34
	1,5	21,25	0,21	17,97	0,37	21,90	0,15
	3,0	24,95	0,75	23,14	0,40	25,59	0,29
FeE 420 F	1,0	8,96	0,16	11,07	0,13	9,13	0,23
X5CrNi 189	1,0	24,03	0,35	26,86	0,27	27,44	0,60
AlMgSi 1	0,6	5,37	0,19	6,07	0,11	5,43	0,41
	1,0	7,00	0,39	7,68	0,07	6,66	0,24
	3,0	8,43	0,40	9,93	0,26	7,54	0,31
	4,0	8,20	0,95	9,06	0,73	7,43	0,74
AlMg 2,5	1,0	9,11	0,22	10,22	0,22	9,31	0,22
AlMg 5	1,0	9,06	0,33	10,76	0,24	10,23	0,36
CuZn 36	1,0	23,03	0,60	24,67	0,23	22,53	0,41

Literaturverzeichnis

[1]   Iwamiya, H.; Kakutani, T.; Iritani, Y.; Murahashi, S.;
       Hasegawa, M.: The effects of Mn, Si on the mechanical
       properties and cold formabilities of hot rolled steel
       sheets (in jap.). Tetsu-to-Hagané (J. Iron Steel Inst.
       Jpn.) 52 (1966) S. 589 - 591.

[2]   Yamaguchi, T.; Taniguchi, H.: Untersuchung über die
       Biegeeignung von warmgewalztem Mittelblech (in jap.).
       Tetsu-to-Hagané (J. Iron Steel Inst. Jpn.) 54 (1968) S.
       493.

[3]   Yamaguchi, T.; Taniguchi, H.: Studies on formability of
       hot-rolled steel sheets (in jap.). Nippon Kokan Tech.
       Rep. 45 (1969) S. 23 - 30.

[4]   Tenmyo, G.; Ideguchi, Y.; Yamaguchi, T.; Komota, S.;
       Katsube, C.; Gonda, H.: NKHF-high strength steels for
       cold forming. Nippon Kokan Tech. Rep. Overseas 11
       (1970) S. 29 - 37.

[5]   Hamilton, R. T.; Gordon Parr, J.: An evaluation of car-
       bon steel sheet by notch tension and r and n data.
       Sheet Met. Ind. 47 (1970) S. 621 - 624 u. 641.

[6]   Brozzo, P.; De Luca, B.: On the interpretation of the
       formability limits of metals sheets and their evalua-
       tion by means of elementary tests. Trans. Iron Steel
       Inst. Jpn. 11 (1971) Suppl. II (Proc. Int. Conf. Sci.
       Technol. Iron Steel. Tokyo 1970), S. 966 - 968.

[7]   Meyer, L.; Bühler, H.-E.; Heisterkamp, F.: Metallkund-
       liche und technologische Grundlagen für die Entwicklung
       und Erzeugung perlitarmer Baustähle. Thyssenforsch. 3
       (1971) S. 8 - 43.

[8]   Gonda, H.; Tani, Y.; Yamaguchi, T.; Kozasu, I.; Nose,
        J.; Ikegami, Y.: NKHF series high strength steels for
        cold forming. Nippon Kokan Tech. Rep. Overseas 16
        (1973) S. 9 - 23.

[9]   Matsudo, K.; Uchida, Y.; Yoshida, M.; Osawa, K.:   The
        evaluation of punched surface stretch-flanging formabi-
        lity of mild steel sheet by notched elongation (in
        jap.). J. Jpn. Soc. Technol. Plast. 14, Nr. 146
        (1973-3) S. 201 - 210.

[10]   Matsudo, K.; Shimomura, T.; Osawa, K.; Yoshida, M.;
        Uchida, Y.: Relation between press-formability and
        notched tensile elongation of steel sheets. Nippon Ko-
        kan Tech. Rep. Overseas 18 (1974) S. 1 - 14.

[11]   Matsudo, K.; Osawa, K.; Yoshida, M.: Prediction of
        punched surface stretch flangeability of steel sheets.
        In: Sheet Metal Forming and Formability. Proc. 10th
        Bien. Congr. IDDRG. Warwick 1978. S. 325 - 334.

[12]   Sonne, H.-M.; Pretnar, B.; Müschenborn, W.: Kerbzug-
        versuch und Streckbiegeversuch - Prüfverfahren zur
        Kennzeichnung der Kaltumformbarkeit warm- und kaltge-
        walzter Flachprodukte. Arch. Eisenhüttenwes. 50 (1979)
        S. 503 - 508.

[13]   DIN 50 115. 4. Ausg. Febr. 1975.

[14]   Takahashi, M.; Nagao, N.; Saiki, K.; Okamoto, A.: De-
        velopment of formable ultra high strength cold rolled
        steel sheet. In: Proc. 12th Bien. Congr. IDDRG. S.
        Margherita Ligure 1982. Tl. 1, S. 131 - 140.

[15]   Unveröff. Ber. d. Thyssen AG, Duisburg.

[16]   Meyer, L.; Arncken, G.; Heisterkamp, F.; Pretnar, B.;
        Stich, G.; Schrape, U.: Hochfestes, gut kaltumformbares
        Warmband aus titanlegiertem perlitarmem Stahl - Grund-
        lagen, Herstellung und Eigenschaften. Thyssen Tech.
        Ber. 8 (1976) S. 21 - 39.

[17]   Straßburger, Chr.; Maid, O.; Müschenborn, W.; König,
        W.; Rotter, F.: Feinschneidbarkeit von Warmbändern aus
        höherfesten mikrolegierten und sulfidkontrollierten
        Feinkornbaustählen. Thyssen Tech. Ber. 14 (1982) S.
        146 - 153.

[18]   Wagoner, R. H.; Wang, N.-M.: An experimental and analy-
        tical investigation of in-plane deformation of 2036-T4
        aluminum sheet. Int. J. Mech. Sci. 21 (1979) S. 255 -
        264.

[19]   Wahlster, M.; Heimbach, H.; Forch, K.: Einfluß nichtme-
        tallischer Einschlüsse bei unterschiedlicher Verformung
        auf die Anisotropie der mechanischen Eigenschaften von
        Grobblechen. Stahl u. Eisen 89 (1969) S. 1037 - 1044.

[20]   Pöhlandt, K.: A note on the notched tensile elongation
        and anisotropic ductility of sheet metal. Materialprüf.
        24 (1982) S. 83 - 86.

[21]   El-Magd, E.: Ermittlung der Fließkurve im Zugversuch.
        Arch. Eisenhüttenwes. 45 (1974) S. 83 - 89.

[22]   Crahay, J.: Forming of thin hot rolled steel sheets.
        C.R.M. Metall. Rep. Nr. 57 (Dec. 1980) S. 9 - 14.

[23]   Sonne, H.-M.; Robiller, G.; Akpolat, H.: Umrechnung von
        Bruchdehnungswerten für Proben aus dünnem Blech. Stahl
        u. Eisen 103 (1983) S. 331 - 336.

[24]   Graf, U.; Stange, K.; Henning, H.-J.: Formeln und Ta-
        bellen der mathematischen Statistik, 2. Aufl. Berlin,
        Heidelberg, New York: Springer 1966.

[25]   Dixon, W. J.: Ratios involving extreme values. Ann.
        Math. Stat. 22 (1951) S. 68.

[26]   Rainer, G.: Errechnung von Spannungen in Schweißverbin-
        dungen mit der Methode der Finiten Elemente. TH Darm-
        stadt, Dr.-Ing.-Diss. 1978. Veröffentlicht in:
        Forsch.h. FKM, H. 74. Frankfurt am Main: Maschinenbau-
        Verlag 1979.

[27]   Dahl, W.; Hengstenberg, H.; Düren, C.: Verhalten der
        verschiedenen Sulfidformen bei der Verformung und ihr
        Einfluß auf die mechanischen Eigenschaften. Stahl u.
        Eisen 86 (1966) S. 796 - 817.

[28]   Keeler, S. P.: Determination of forming limits in auto-
        motives stampings. Soc. Automot. Eng. 650535 (1965) S.
        1 - 9.

[29]   Goodwin, G. M.: Application of strain analysis to sheet
        metal forming problems in the press shop. Soc. Automot.
        Eng. 68093 (1968) S. 380 - 387.

[30]   Hašek, V. V.: Anwendung von Grenzformänderungsschau-
        bildern. Ind.-Anz. 99 (1977) S. 343 - 377.

[31]   Brozzo, P.; De Luca, B.; Rendina, R.: A new method for
        the prediction of the formability limits of metal
        sheets. In: Sheet Metal Forming and Formability. Proc.
        7th Bien. Congr. IDDRG. Amsterdam 1972.

[32]   Hašek, V. V.: Untersuchung und theoretische Beschrei-
        bung wichtiger Einflußgrößen auf das Grenzformän-
        derungsschaubild. Tl. I. Blech Rohre Profile 25 (1978)
        S. 213 - 220.

[33]   Blaich, M.: Beitrag zum Ziehen von Blechteilen aus Alu-
        miniumlegierungen. Berichte aus dem Institut für Um-
        formtechnik, Universität Stuttgart, Nr. 61. Berlin,
        Heidelberg, New York: Springer 1981.

[34]   Meyer, L.: Mikrolegierungselemente im Stahl. Thyssen
        Tech. Ber. 16 (1984) S. 34 - 44.

[35]   Schaub, W.: Untersuchung der Verfahrensgrenzen beim
        180°-Biegen von Fein- und Mittelblechen. Berichte aus
        dem Institut für Umformtechnik, Universität Stuttgart,
        Nr. 52. Berlin, Heidelberg, New York: Springer 1980.

Berichte aus dem Institut für Umformtechnik der Universität Stuttgart

Die Berichte 1 bis 75 sind zu beziehen durch das Institut für Umformtechnik, Holzgartenstr. 17, 7000 Stuttgart 1

Die Berichte 75 und folgende sind zu beziehen durch den Springer-Verlag, Berlin Heidelberg New York Tokyo

Die Berichte 76 und folgende sind zu beziehen durch den Springer-Verlag, Berlin Heidelberg New York Tokyo